中华烹饪古籍经典藏书

[清] 袁枚 撰

中国商业出版社

图书在版编目（CIP）数据

随园食单 /（清）袁枚撰 . – 北京 : 中国商业出版社 , 2021.1

ISBN 978-7-5208-1309-9

Ⅰ . ①随… Ⅱ . ①袁… Ⅲ . ①烹饪 – 中国 – 清前期②食谱 – 中国 – 清前期③菜谱 – 中国 – 清前期 Ⅳ . ① TS972.117

中国版本图书馆 CIP 数据核字 (2020) 第 207591 号

责任编辑：刘毕林

中国商业出版社出版发行
010–63180647 www.c–cbook.com
（100053 北京广安门内报国寺 1 号）
新华书店经销
唐山嘉德印刷有限公司印刷
*
710 毫米 ×1000 毫米 16 开 12.25 印张 110 千字
2021 年 1 月第 1 版 2021 年 1 月第 1 次印刷
定价：55.00 元
* * * *
（如有印装质量问题可更换）

《中华烹饪古籍经典藏书》
指导委员会

（排名不分先后）

《中华烹饪古籍经典藏书》编辑委员会

委　员

《中国烹饪古籍丛刊》出版说明

国务院一九八一年十二月十日发出的《有关恢复古籍整理出版规划小组的通知》中指出：古籍整理出版工作“对中华民族文化的继承和发扬，对青年进行传统文化教育，有极大的重要性。”根据这一精神，我们着手整理出版这部丛刊。

我国的烹饪技术，是一份至为珍贵的文化遗产。历代古籍中有大量饮食烹饪方面的著述，春秋战国以来，有名的食单、食谱、食经、食疗经方、饮食史录、饮食掌故等著述不下百种；散见于各种丛书、类书及名家诗文集的材料，更加不胜枚举。为此，发掘、整理、取其精华，运用现代科学加以总结提高，使之更好地为人民生活服务，是很有意义的。

为了方便读者阅读，我们对原书加了一些注释，并把部分文言文译成现代汉语。这些古籍难免杂有不符合现代科学的东西，但是为尽量保持其原貌原意，译注时基本上未加改动；有的地方作了必要的说明。希望读者本着“取其精华，去其糟粕”的精神用以参考。编者水平有限，错误之处，请读者随时指正，以便修订。

中国商业出版社

出版说明

20世纪80年代初，我社根据国务院《关于恢复古籍整理出版规划小组的通知》精神，组织了当时全国优秀的专家学者，整理出版了《中国烹饪古籍丛刊》。这一丛刊出版工作陆续进行了12年，先后整理、出版了36册，包括一本《中国烹饪文献提要》。这一丛刊奠定了我社中华烹饪古籍出版工作的基础，为烹饪古籍出版解决了工作思路、选题范围、内容标准等一系列根本问题。但是囿于当时条件所限，从纸张、版式、体例上都有很大的改善余地。

党的十九大明确提出："要坚定文化自信，推动社会主义文化繁荣兴盛。推动文化事业和文化产业发展。"中华烹饪文化作为中华优秀传统文化的重要组成部分必须大力加以弘扬和发展。我社作为文化的传播者，就应当坚决响应国家的号召，就应当以传播中华烹饪传统文化为己任，高举起文化自信的大旗。因此，我社经过慎重研究，准备重新系统、全面地梳理中华烹饪古籍，将已经发现的150余种烹饪古籍分40册予以出版，即《中华烹饪古籍经典藏书》。

此套书有所创新，在体例上符合各类读者阅读，除根据前版重新标点、注释之外，增添了白话翻译，增加了厨界大师、名师点评，增设了“烹坛新语林”，附录各类中国烹饪文化爱好者的心得、见解。对古籍中与烹饪文化关系不十分紧密或可作为另一专业研究的内容，例如制酒、饮茶、药方等进行了调整。古籍由于年代久远，难免有一些不符合现代饮食科学的内容，但是，为最大限度地保持原貌，我们未做改动，希望读者在阅读过程中能够“取其精华、去其糟粕”，加以辨别、区分。

我国的烹饪技术，是一份至为珍贵的文化遗产。历代古籍中留下大量有关饮食、烹饪方面的著述，春秋战国以来，有名的食单、食谱、食经、食疗经方、饮食史录、饮食掌故等著述屡不绝书，散见于诗文之中的材料更是不胜枚举。由于编者水平所限，难免有错讹之处，欢迎大家批评、指正，以便我们在今后的出版工作中加以修订。

中国商业出版社

2019年9月

本书简介

《随园食单》是清代著名文学家袁枚所著。袁枚字子才，号简斋，晚号随园老人，浙江钱塘(今杭州)人，生于清康熙五十五年(公元1716年)，十二岁为县学生，旋为进士，改翰林院庶吉士，出知溧水、江浦、沭阳、江宁等县。四十岁起就退隐于南京小仓山房随园，论文赋诗，享文章之盛名达五十余年。卒于嘉庆二年(公元1797年)。他一生著作有《小仓山房诗文集》《随园随笔》等三十余种。

袁枚还是一位有丰富经验的烹饪学家。他所著《随园食单》一书是我国清代一部系统地论述烹饪技术和南北菜点的重要著作。该书出版于1792年(乾隆五十七年)，曾多次再版。1979年，日本东京岩波书店将它译成日文出版。

全书分为须知单、戒单、海鲜单、江鲜单、特牲单、杂牲单、羽族单、水族有鳞单、水族无鳞单、杂素菜单、小菜单、点心单、饭粥单和茶酒单十四个部分。在须知单中提出了既全且严的二十个操作要求，在戒单中提出了十四个注意事项。接着，用大量的篇幅详细地记述了我国从十四世纪至十八世纪中流行的326种南北菜肴饭点，也介绍了当时的美酒名茶。

全书均已作了译文和必要的注释。

参加本书译注工作的，还有上海市黄浦区第二饮食公司的张灵琯、陈耀文、单明道、丁海良等同志。

这个注释本系根据1893年(光绪十八年)上海图书集成印书局出版的本子，注释稿曾经陈从周先生审校。

中国商业出版社

2020年9月

目录

序

诗人美周公[①]而曰："笾豆有践[②]"，恶凡伯而曰："彼疏斯粺[③]"。古之于饮食也，若是重乎！他若《易》称"鼎亨[④]"，《书》称"盐梅[⑤]"，《乡党》《内则》琐琐言之。孟子虽贱饮食之人，而又言饥渴未能得饮食之正。可见凡事须求一是处，都非易言。《中庸》曰："人莫不饮食也，鲜能知味也。"《典论》曰："一世长者[⑥]知居处，三世长者知服食。"古人进鬐离肺[⑦]，皆有法焉，未尝苟且。"子与人歌而善，必使反之，而后和之。"圣人于一艺之微，其善取于人也如是。

余雅慕此旨，每食于某氏而饱，必使家厨往彼灶觚[⑧]，

① 周公：西周初期政治家。姬姓，名旦，周武王之弟。武王死后，成王年幼，由他摄政。周公是儒家文化推崇的政治家的完美代表。

② 笾（biān）豆有践：《诗经·豳风·伐柯》篇中的诗句。笾、豆都是古代盛放食物的器具。笾用竹制成，豆用木制成，也有用铜或陶制的。践，排列成行。袁枚认为这句话是诗人用以颂赞周公治国有方的。

③ 彼疏斯粺（bài）：《诗经·大雅·召旻》篇中的诗句。疏，粗粝的粮食。粺，精细粮食。凡伯是周幽王的一位权臣。袁枚认为这句诗是诗人怨恨凡伯治国无能的。

④ 鼎亨：鼎，古代炊器。亨即烹，指烧煮食物。

⑤ 盐梅：用盐和梅子作调料。

⑥ 长者：显贵者。

⑦ 进鬐（qí）离肺：出于《仪礼》和《礼记》。鬐，指鱼的背脊。肺，这里指猪牛羊等牲口之肺。古时规定用鱼和肺作为祭品进献时，鱼脊要朝向享用者，割肺要连带着心。

⑧ 灶觚（gū）：指厨房。

执弟子之礼。四十年来，颇集众美。有学就者，有十分中得六七者，有仅得二三者，亦有竟失传者。余都问其方略，集而存之。虽不甚省记，亦载某家某味，以志景行。自觉好学之心，理宜如是。虽死法不足以限生厨，名手作书，亦多出入，未可专求之于故纸；然能率由旧章，终无大谬。临时治具，亦易指名。

或曰："人心不同，各如其面。子能必天下之口，皆子之口乎？"曰："执柯以伐柯[①]，其则不远。吾虽不能强天下之口与吾同嗜，而姑且推己及物[②]。则食饮虽微，而吾于忠恕之道则已尽矣，吾何憾哉！"若夫《说郛》[③]所载饮食之书三十余种，眉公[④]、笠翁[⑤]亦有陈言[⑥]；曾亲试之，皆阏于鼻而蜇于口[⑦]，大半陋儒附会，吾无取焉。

【译】诗人赞美周公治国有方，就说："碗盘杯碟，排列成行"；厌恶凡伯无能，就说："别人吃粗粮，自己吃细粮。"古人对饮食，是多么的看重啊！其他如《易经》说到

---

① 执柯以伐柯：握着斧柄砍出一个斧柄，意为照着样子去做。出自《诗经·豳风·伐柯》篇。柯，斧柄。

② 推己及物：把自己所喜爱的传给别人。

③ 《说郛》：元末陶宗仪编的一部丛书，共一百卷。其中饮食方面笔记三十余处。

④ 眉公：明代文学家陈继儒（公元1558—1639年），字仲醇，号眉公，华亭（今上海松江）人。著有《眉公全集》。

⑤ 笠翁：清代著名作家李渔（公元1611—1679年），字笠鸿，著有《闲清偶寄》十六卷，其中也记述了饮食方面的事。

⑥ 陈言：意为陈述。

⑦ 阏（è）于鼻而蜇于口：形容菜肴的气味刺鼻涩嘴。

烹饪，《尚书》说到调味，《论语·乡党》《礼记·内则》也琐细地谈了一些饮食方面的事。孟子虽然轻视讲究吃喝的人，可是他却说过“饥不择食，吃的就不是正味”的话。由此可见，任何事情要做得对，做得好，不是轻易说说就能办到的。《中庸》说：“人没有不吃不喝的，却很少有人懂得美味。”《典论》说：“一代做官的显贵者，才懂得建筑舒适的房屋；三代做官的显贵者，才懂得服装饮食之道。”古人敬神祭祖时，进鱼的朝向、割肺的方法都要按规矩行事，不可马虎。孔子同别人一起唱歌时，如果觉得他唱得好，一定请他再唱一遍，然后自己又跟他唱一遍。唱歌的技艺虽小，孔圣人却这么善于学习别人。

这种好学的精神，我非常敬仰。每逢在某家吃过美味菜肴后，我总是叫家厨去拜那家的厨师为师。这样做已有四十年了，搜集了很多好的烹调方法。有些已学会了，有些学到了六七成，有些只学到二三成，有些可惜已经失传了。我一一问清了方法，把它们汇集起来加以保存。有些虽然记得不清楚，但也记下某家某菜，以此表达我的仰慕之心。虚心学习，我认为就应该是这样。虽然死规定束缚不了活厨师，我也知道名家著作不一定全对，也不可专向旧书堆里去寻找方法，但根据书中所说的去做，大致上是不会错的。临时治办酒席，也容易说出一些名堂。

有人说：“人的想法，犹如相貌各不相同，你怎能断使众人的口味都和你相同呢？”我回答说：“照着那方法去做，原则上不会相差很远的。我虽然不能强求众人的口味与我相同，但不妨把它传给同好的人。饮食虽小，但我这样做却尽到了把好的东西传给别人的为人之道，就不觉得有什么遗憾了。”

至于《说郛》中所记载的饮食之书有三十多种，陈眉公、李笠翁也有这方面的著述，我曾经照着试做过，但做出来的菜却都刺鼻而又难以下口。那大多是无聊文人牵强附会的东西，我就不采纳了。

须知单

学问之道，先知而后行，饮食亦然。作《须知单》。

【译】求学问的途径，要先认识它、理解它，然后通过实践去检验，饮食也是这样。因此写了《须知单》。

先天须知

凡物各有先天，如人各有资禀。人性下愚，虽孔孟教之，无益也。物性不良，虽易牙①烹之，亦无味也。指其大略：猪宜皮薄，不可腥臊；鸡宜骟嫩②，不可老稚；鲫鱼以扁身白肚为佳，乌背者必崛强于盘中③；鳗鱼以湖溪游泳为贵，江生者槎枒④其骨节；谷喂之鸭，其膘肥而白色；壅土之笋⑤，其节少而甘鲜；同一火腿⑥也，而好丑判若天渊；同

① 易牙：又名狄牙。春秋时齐桓公的近臣，以善烹调闻名。后也多以易牙作为名厨的代名词。

② 骟（shàn）嫩：割掉睾丸的“驐（dūn）鸡”，肉质肥嫩。一年出头的新母鸡和童子鸡肉质也嫩。

③ 这里指的是长江中的两种鲫鱼。如今内河的清水鲫鱼，多数系乌背，但骨刺并不多，肉质同样鲜嫩味美。

④ 槎（chá）枒（yā）：同“杈丫”。指鳗鱼的骨刺像树枝一样多而硬。

⑤ 壅（yōng）土之笋：一般指那些埋在肥料和壅土中培植的行鞭笋、冬笋之类。这里仅指“行鞭笋”，即毛竹根部的嫩杈头。

⑥ 同一火腿：即使同是金华出的火腿，其质量也有很大差别；好的色泽火红，芬香浓郁，鲜咸适口；而差的火腿，色泽呈黄或褐黄色，无光泽，组织疏松，有咸酸味，不如咸肉。

一台鲞[1]也，而美恶分为冰炭[2]。其他杂物，可以类推。大抵一席佳肴，司厨之功居其六，买办之功居其四。

【译】一切动植物，都各具不同的特性，正如人的聪明才智各有先天的禀赋一样。一个资质愚钝的人，即使孔子、孟子去教诲他，也无济于事。质量不佳的原料，就是经过易牙烹制，吃起来还是无味。大抵来说：猪肉以皮薄的为好，腥味大的不可用。鸡要选肥嫩的骟过的，太老太小的不用。鲫鱼以扁身白肚的为好；乌背的鲫鱼，脊背骨粗，盛在盘中，形态僵硬难看。生长在湖泊和溪流中的鳗鱼最好；长江里的鳗鱼，脊骨像树杈。用谷物喂养的鸭子，膘肥色白。沃土中生长的竹笋，节少而味甘鲜。同是火腿，但好丑有着天壤之别。同出台州的鱼鲞，其好坏有冰炭之别。其他各种东西，可以类推。大体上讲，一席佳肴，厨师的功劳占六分，采购员的功劳占四分。

作料须知

厨者之作料，如妇人之衣服首饰也。虽有天姿，虽善涂抹，而敝衣蓝缕，西子亦难以为容。善烹调者，酱用伏

① 台鲞（xiǎng）：指浙江台州温岭县松门出的各种鱼鲞，肉嫩而鲜肥，在清朝时就闻名全国。本书《水族有鳞单》有介绍。

② 冰炭：比喻二者不能相容。

酱[1]，先尝甘否；油用香油[2]，须审生熟；酒用酒娘[3]，应去糟粕；醋用米醋，须求清洌。且酱有清浓之分，油有荤素之别，酒有酸甜之异，醋有陈新之殊，不可丝毫错误。其他葱、椒、姜、桂、糖、盐，虽用之不多，而俱宜选择上品。苏州店卖秋油[4]，有上中下三等。镇江醋颜色虽佳，味不甚酸，失醋之本旨矣[5]。以板浦[6]醋为第一，浦口[7]醋次之。

【译】厨师用的调味品，好比妇女穿戴的服装和首饰。虽然生得漂亮，也善于涂脂抹粉，但穿着破烂的衣服，就是西施也难以成为美女。一个精于烹调的厨师，酱要用大伏天制作的面酱和酱油，用前先尝尝甜不甜。油要用芝麻油，须识别生熟。酒用原卤酒酿，须将酒渣去掉。醋用米醋，汁清味香。并且酱有清浓之分，油有荤素之别，酒有酸甜之异，醋有新陈的区分，这些在使用时不可有丝毫的错误。其他如葱、椒、姜、桂皮、糖、盐，虽然用得不多，但都要用最好

① 伏酱：是指用面粉和食盐为主料，在伏天经过蒸、切、发酵、晒坯等工序制作的酱及酱油，其质量最佳。

② 香油：即芝麻油。

③ 酒娘：即酒酿。当时烧荤素菜用酒酿，既解腥气，又增香郁。

④ 秋油：据《随息居饮食谱》载：秋油又名母油。以黄豆为原料（略加面粉），在大伏天中经水煮熟，发酵。然后加烧开的盐水，一起放在缸里，置露天，经“日晒三伏，晴则夜露，至深秋得第一批者最好”，第三批油则较差。秋油也即今天的酱油。

⑤ 这里说镇江醋不够酸，失醋的特色，是以酸度而言的。然而，镇江醋并不以酸度为主。它是以酸而不涩，香而微甜，色浓味鲜著名。

⑥ 板浦：江苏灌云县北的一个市镇。

⑦ 浦口：今江苏南京浦口区。

的。苏州油酱店出售的秋油，有上中下三等。镇江醋的颜色虽好，但酸味不足，失去了醋的本义。醋以板浦产的为第一，浦口产的为其次。

洗刷须知

洗刷之法，燕窝去毛，海参去泥，鱼翅去沙，鹿筋去臊[①]。肉有筋瓣，剔之则酥。鸭有肾臊[②]，削之则净。鱼胆破，而全盘皆苦。鳗涎[③]存，而满碗多腥。韭删叶而白存，菜弃边而心出。《内则》曰："鱼去乙，鳖去醜[④]。"此之谓也。谚云："若要鱼好吃，洗得白筋出"，亦此之谓也。

【译】洗刷的方法是：燕窝钳去毛，海参洗去泥，鱼翅退去沙，鹿筋的腥臊气要去干净。猪肉的筋瓣要剔净，才烧得嫩。鸭有肾臊味，削除就干净了。破了胆的鱼，烧熟后全盘都苦。鳗鱼的黏液不洗干净，满碗都腥。韭菜去掉残叶留下白嫩部分，青菜剥去边叶仅存菜心。《礼记·内则》说："鱼去乙，鳖去丑。"讲的就是洗刷之法。俗话说："若要鱼好吃，洗得白筋出。"讲的也是这个意思。

---

① 鹿筋有浓厚的膻腥气，食用前须先用开水滚煮烧烂，清水过；然后去净筋上的耗肉边，将筋切成小段，加酒、老姜再煮，清水洗净，去其臊味，浸在水中，需用时取之。

② 肾臊：指雄鸭的两颗睾丸，臊味极浓。

③ 鳗涎：指鳗鱼身上的一层黏液，较为腥气。洗刷时，需用七八成热的水，稍加盐略泡一下，然后用稻草或干丝瓜络将它除净，洗至鳗鱼身上无黏液即好。

④ 鱼去乙，鳖去醜（chǒu）：据郑玄注："乙，鱼体中害人者名也，今东海鰫（yóng），同'鳙'，即花鲢，也叫胖头鱼。鱼有骨名乙，在目旁，状如篆乙，食之鲠人，不可出。醜，即丑，鳖窍也。"窍，肛门。

调剂须知

调剂之法，相物而施。有酒水兼用者，有专用酒不用水者，有专用水不用酒者；有盐酱并用者，有专用清酱不用盐者，有用盐不用酱者；有物太腻，要用油先炙者[①]；有气太腥，要用醋先喷者[②]；有取鲜必用冰糖者[③]；有以干燥为贵者，使其味入于内，煎炒之物是也；有以汤多为贵者，使其味溢于外，清浮之物是也。

【译】食物的调和法，要根据不同的东西来施行。有的菜用酒和水一起烧，有的只用酒不用水，有的只用水不用酒；有的盐酱并用，有的专用酱油不用盐，有的光用盐不用酱油；有些膘肥的肉食要先用热油汆一下；腥气过重的要先用醋喷过，然后焖烧；有的需用冰糖起鲜味；有些因为干燥而好吃的菜，要使味道进入原料之内，煎炒的菜即是这样；有些因为汤多而好吃的菜，要使味道进入汤中，汤清而有东西浮在上面的菜即是这样。

配搭须知

谚曰："相女配夫。"《记》曰："儗[④]人必于其

① 指肥肉一类，因膘厚太腻，不易入口，可先将它煮八成熟，走油汆至厚膘缩小，可使肥者不腻。

② 指腥气较重的虾、蟹一类，烹制时，或起锅食用前，必须用香醋先喷之，可戒其腥气，使鲜味突出。

③ 烹制甲鱼、鳗鱼一类腥重之物，使用冰糖，既可杀腥起鲜，又可稠浓卤汁，使浓汁紧包鱼肉，肥鲜俱佳。猪蹄虽肥，但鲜味欠佳，加冰糖烹制后，可增加鲜味。

④ 儗（nǐ）：同"拟"，比较的意思。

伦[1]。”烹调之法，何以异焉？凡一物烹成，必需辅佐。要使清者配清，浓者配浓，柔者配柔，刚者配刚，方有和合之妙。其中可荤可素者，蘑菇、鲜笋、冬瓜是也。可荤不可素者，葱、韭、茴香、新蒜是也。可素不可荤者，芹菜、百合、刀豆是也[2]。尝见人置蟹粉于燕窝之中，放百合于鸡、猪之肉，毋乃唐尧[3]与苏峻[4]对坐，不太悖乎？亦有交互见功者，炒荤菜用素油，炒素菜用荤油是也[5]。

【译】俗话说："什么样的女子就配什么样的丈夫。"《礼记》说："比拟一个人，必须从他的同类中去找。"烹调的方法，不也是一样吗？凡是制成一菜，必需有辅料相配。要使清的配清，浓的配浓，柔的配柔，硬的配硬，这样，才能和合成美妙的菜肴。其中有的可配荤的，也可配素的，如蘑菇、鲜笋、冬瓜；有的可配荤的，但不可配素的，如葱、韭、茴香、新蒜；有的可配素的，但不可配荤的，如芹菜、百合、刀豆。我常见人将蟹粉放入燕窝中，把百合放

---

① 伦：同类的意思。

② 芹菜、刀豆如今一般仍作素用，也荤素兼用，如"芹菜炒牛肉丝""猪肝炒刀豆"。芹菜味单薄，刀豆不易入味。故今人都用荤物混之。

③ 唐尧：即尧，上古帝王名，系远古贤明君主。传说中的古帝名，号陶唐氏，传位于舜。

④ 苏峻（？—公元1768年）：东晋长广掖县人，有才学，郡举孝廉，一位著名将领。此处言某些食物是不可能搭配在一起的。

⑤ 古时荤菜、素菜用油均严格分开。清朝后期开始，有荤素油交互使用。素菜有丰富的营养素，但缺脂肪，荤油含脂肪量高，用它炒素菜可增加脂肥，滋味亦佳。荤菜用素油，也可增加植物油香味，保持菜肴光泽。清末厨师烹鱼均用素油，冷后仍能保持其原色。

入鸡和猪肉之中。这样的配搭，岂不成了唐尧与苏峻对坐，荒谬绝顶吗？但也有荤素互用，做得很出色的，如炒荤菜用素油，炒素菜用荤油。

独用须知

味太浓重者，只宜独用，不可搭配。如李赞皇、张江陵[①]一流，须专用之，方尽其才。食物中：鳗也，鳖也，蟹也，鲥鱼也，牛羊也，皆宜独食，不可加搭配。何也？此数物者，味甚厚，力量甚大，而流弊亦甚多；用五味调和，全力治之，方能取其长而去其弊。何暇舍其本题，别生枝节哉？金陵人好以海参配甲鱼，鱼翅配蟹粉，我见辄[②]攒眉。觉甲鱼、蟹粉之味，海参、鱼翅分之而不足；海参、鱼翅之弊，甲鱼、蟹粉染之而有余。

【译】味太浓重的食物，只能单独使用，不可搭配。好比用人，像李赞皇和张江陵一类能干的人物，必须专用，才能充分发挥他们的才能。食物中的鳗鱼、鳖、蟹、鲥鱼、牛羊肉等，都应单独食用，不可加搭配。为什么呢？因为这些食物味厚力大，足够成为一味菜肴，而同时它们的缺点也很多，需要利用五味精心烹调，才能得其美味而去掉不正之味。哪有工夫撇开它的本味，另生枝节呢？南京人喜欢用海

---

① 李赞皇：唐宪宗的宰相李绛，字深之，河北赞皇人。张江陵：明神宗时的首辅（丞相）张居正，湖北江陵人。这两个人都以办事精明果断，独当一面著名。

② 辄（zhé）：总是。

参配甲鱼，鱼翅配蟹粉。我见了总要皱眉，感到甲鱼、蟹粉之味不足以分给海参、鱼翅，而海参、鱼翅的腥味却足以沾染给甲鱼与蟹粉。

火候须知

熟物之法，最重火候。有须武火者，煎炒是也，火弱则物疲矣。有须文火者，煨煮是也；火猛则物枯矣。有先用武火而后用文火者，收汤之物是也；性急则皮焦而里不熟矣。有愈煮愈嫩者，腰子、鸡蛋[①]之类是也；有略煮即不嫩者，鲜鱼、蚶蛤之类是也[②]。肉起迟则红色变黑，鱼起迟则活肉变死。屡开锅盖，则多沫而少香。火熄再烧，则走油而味失。道人以丹成九转为仙，儒家以无过、不及为中。司厨者，能知火候而谨伺之，则几于道矣。鱼临食时，色白如玉，凝而不散者，活肉也；色白如粉，不相胶粘者，死肉也。明明鲜鱼，而使之不鲜，可恨已极。

【译】烹饪食物，关键是火候。有必须用旺火的，如煎炒类的菜，火力不足，成菜就疲沓失劲。有必须用文火的，如煨煮类的菜，火猛了，食物就干枯了。有应先用旺火，后用文火的，如要将汤收紧的菜；如果心急一直用旺

---

① 腰子、鸡蛋：腰子和鸡蛋均不宜久煮，应以快速滑炒或开水汆加调拌食，才鲜嫩俱佳。这里所谓“愈煮愈嫩”对腰子而言，是说越煮越酥；对鸡蛋而言，是指蒸蛋羹，即炖嫩蛋。

② 指鲜鱼、蚶子、蛤蜊之类，肉质极为鲜嫩，只需在滚开的水中稍为烫泡或略汆即熟，肉质鲜嫩；如将它们放在锅中煮，则热力过大，使肉质失嫩致老。

火，食物就皮焦里不熟。有越煮越酥的，如腰子、鸡蛋之类；有稍多煮一下就不嫩了的，如鲜鱼、蚶蛤之类。猪肉熟了即起锅，颜色红润；起锅迟了，就会变黑。鱼起锅太晚，则肉质碎烂，味同死鱼。烹饪时，如果开锅盖次数多了，菜肴就多沫少香；如果火灭再烧，菜肴就走油失味。传闻道人炼丹，必须经过九次循环转变才炼成仙丹；儒家以“既不做过头，又要功夫到家”为中庸之道。如果厨师能正确掌握火候，又能谨慎细心操作，差不多就是掌握了人生之道。鱼到临吃时，色白似玉，凝而不散，便是活肉；色白如粉，松而不粘，则是死肉。明明是鲜活的鱼，却做成死鱼一样，那就太遗憾了。

色臭[①]须知

目与鼻，口之邻也，亦口之媒介也。嘉肴到目、到鼻，色臭便有不同。或净若秋云，或艳如琥珀，其芬芳之气，亦扑鼻而来，不必齿决[②]之，舌尝之，而后知其妙也。然求色不可用糖炒，求香不可用香料。一涉粉饰，便伤至味。

【译】眼睛和鼻子，既是嘴的近邻又是嘴的媒介。好的菜肴放在眼睛、鼻子前，有不同色彩和香味：有的明净如秋云，有的鲜艳似琥珀，阵阵香味扑鼻而来，不必要经过齿嚼舌尝才知道菜味的美妙。然而要使菜肴的色泽鲜艳，不可用

① 色臭：颜色与气味。

② 决：咬嚼。

糖来炒制；要使它的香味浓郁，不可用香料。烹调时如果用香料来粉饰，就破坏了食物本有的美味。

迟速须知

凡人请客，相约于三日之前，自有工夫平章[1]百味。若斗然[2]客至，急需便餐；作客在外，行船落店；此何能取东海之水，救南池之焚乎？必须预备一种急就章之菜，如炒鸡片、炒肉丝、炒虾米豆腐，及糟鱼、茶腿[3]之类，反能因速而见巧者，不可不知。

【译】一般人设宴请客，三天前就约定好了，自然有充分的时间准备各种菜肴。倘若突然来了客人，急需请他吃便饭；或者作客在外，坐在船中，旅居客店；遇到这样的情况，岂能取东海之水，救南边之远火呢？必须预备一种应急的菜式，如炒鸡片、炒肉丝、炒虾米豆腐以及糟鱼和火腿之类，这样，反而能因快速而显出精巧的烹调技术来。这一急就之法，做厨师的不可不知。

变换须知

一物有一物之味，不可混而同之。犹如圣人设教，因才乐育，不拘一律。所谓君子成人之美也。今见俗厨，动以鸡、鸭、猪、鹅一汤同滚，遂令千手雷同，味同嚼蜡。吾恐

---

① 平章：辨别清楚。

② 斗然：突然。

③ 茶腿：用茶叶熏过的火腿。它肉质火红，味鲜清香。煮熟后，随时可用作冷盆。原产于云南。

鸡、猪、鹅、鸭有灵，必到枉死城中告状[①]矣！善治菜者，须多设锅、灶、盂、钵之类，使一物各献一性，一碗各成一味[②]。嗜者舌本应接不暇，自觉心花顿开。

【译】一物有一物的滋味，不可混合等同使用。好比古代圣人办学，总是因人施教，不强求一律。这就是所谓君子成人之美。我见一般的俗手，往往将鸡、鸭、猪、鹅放在一起混煮。这么做，把不同的原料都做成了一个味道，吃起来也必然味同嚼蜡了。我想如鸡、猪、鹅、鸭有灵魂的话，必然去枉死城告状。一个善于烹调的厨师，必须多设锅灶和盂钵之类器具来分烧，使一种食物呈献一种特性，一碗菜肴自成一种口味。菜肴的爱好者吃着这些层出不穷的美味，便会顿觉心花怒放。

器具须知

古语云："美食不如美器。"斯语是也。然宣、成、嘉、万窑器太贵，颇愁损伤，不如竟用御窑，已觉雅丽。惟是宜碗者碗，宜盘者盘，宜大者大，宜小者小，参错其间，方觉生色。若板板于十碗八盘之说，便嫌笨俗。大抵物贵者器宜大，物贱者器宜小；煎炒宜盘，汤羹宜碗；煎炒宜铁铜，煨煮宜砂罐。

---

① 到枉死城中告状：就是被委屈、被冤枉的意思。枉死城，旧时一种迷信说法，被冤枉死的人，死后都到枉死城集中。

② 指一个高明的厨师制菜，要多设灶、锅，将鸡、鸭、鹅、猪分别煮氽，将汤分别盛于盂钵里。烹制各菜时，用各种汤汁。

【译】古语说："美食不如美器。"这话说得很对。然而明代宣德、成化、嘉靖、万历四朝所烧制的器皿极为贵重，很担心被损坏，不如干脆用清朝官窑所制的器皿，也就够雅致华丽的了。但须考虑到该用碗的就用碗，该用盘的就用盘，该用大的就用大的，该用小的就用小的。各式盛器参差陈设在席上，令人觉得更加美观舒适。如果呆板地用十大碗、八大盘，就嫌粗笨俗套。一般来说，珍贵的食物宜用大的盛器，普通的食物宜用小的盛器。煎炒的菜肴用盘装为好，汤羹一类宜用碗盛。烹制煎炒的菜，宜用铁铜制的炒锅；煨煮的菜则宜用砂锅。

上菜须知

上菜之法：咸者宜先，淡者宜后；浓者宜先，薄者宜后；无汤者宜先，有汤者宜后。且天下原有五味，不可以咸之一味概之。度客食饱，则脾困矣，须用辛辣以振动[①]之；虑客酒多，则胃疲矣，须用酸甘以提醒[②]之。

【译】上菜的方法是：咸的先上，清淡的后上；味浓的先上，味薄的后上；无汤的先上，有汤的后上。天下本来存有五味，不可单用咸味来概括它。想到客人吃饱后，脾脏困顿，就要用辣味去刺激它；考虑到客人酒喝多了，肠胃疲弱，就要用酸、甜味去醒酒提神。

① 振动：刺激之意。

② 提醒：指提神醒酒。

时节须知

夏日长而热，宰杀太早，则肉败矣。冬日短而寒，烹饪稍迟，则物生矣。冬宜食牛羊，移之于夏，非其时也。夏宜食干腊，移之于冬，非其时也。辅佐之物，夏宜用芥末，冬宜用胡椒。当三伏天而得冬腌菜，贱物也，而竟成至宝矣。当秋凉时而得行鞭笋，亦贱物也，而视若珍羞矣。有先时而见好者，三月食鲥鱼[①]是也；有后时而见好者，四月食芋艿[②]是也。其他亦可类推。有过时而不可吃者，萝卜过时则心空，山笋过时则味苦，刀鲚过时则骨硬。所谓四时之序，成功者退，精华已竭，褰裳[③]去之也。

【译】夏季昼长而热，牲畜宰杀过早，肉易败坏变质；冬季日短且冷，烹调的时间短了，食物不易熟透。冬季宜于食用牛羊肉，如改到夏季来吃，就不合时令；夏季宜于吃腌腊食品，如移到冬季去吃，则不合时节。辅助的食料，夏天宜用芥末，冬天宜用胡椒。冬咸菜虽是极廉之物，如果放在三伏天里吃，那就成了宝贝了。行鞭笋也是一种廉价物，如在秋凉时节得而食之，就被人视为珍贵的菜肴。有的食物提前食用，就显得更鲜美，三月的鲥鱼就是这样。有的则推迟

---

① 鲥鱼：鲥鱼应于每年农历四五月间上市。但有人喜欢在三月即食鲥鱼。其佳处是鲜嫩，弊处是脂肥不足。

② 四月食芋艿：是指产芋艿时，将鲜芋头、芋子取下，晒之极干，放在草中藏之，于第二年四月煮食，其味更为细腻而甜。据说系袁枚独创，他人不知。芋艿，每年于农历八月至十月产，过时则无。

③ 褰（qiān）裳：撩起衣裳。

一点去吃为好，四月里吃陈芋艿就是如此。其他食物也可以此类推。有的食物过了时令就不好吃了，如萝卜过时就空心无味，山笋过时就有苦味，刀鱼、鲚鱼过时骨就硬。这就是人们所说的万物都按四季的时序生长，旺盛期一过，精华耗尽，好像撩起衣裳就离开了一样。

多寡须知

用贵物[①]宜多，用贱物[②]宜少。煎炒之物，多则火力不透，肉亦不松。故用肉不得过半斤，用鸡、鱼不得过六两。或问："食之不足，如何？"曰："俟食毕后，另炒可也。"以多为贵者，白煮肉，非二十斤以外，则淡而无味。粥亦然，非斗米，则汁浆不厚，且须扣水，水多物少，则味亦薄矣。

【译】（一菜之中）价钱贵的东西，用量要多一些；价钱便宜的，用量要少一些。煎炒的菜肴，物料多了就炒不透，肉也不松软，所以肉的分量不得超过半斤，鸡、鱼的用量不得超过六两。或许有人要问："不够吃怎么办？"我说："等吃完了，另炒一个就是了。"有的菜肴，原料多了才能做好。如白煮肉，若不在二十斤以上，就淡而无味。煮粥也同样如此，如果不用斗米煮粥，汁浆就不稠厚；而且要根据水量多少，如果水多米少，粥也就稀薄了。

---

① 贵物：是指鸡、鸭、鱼、肉和山珍海味之类。

② 贱物：一般指作副料的笋蔬之类。

洁净须知

切葱之刀，不可以切笋；捣椒之臼[1]，不可以捣粉[2]。闻菜有抹布气者，由其布之不洁也；闻菜有砧板气者，由其板之不净也。“工欲善其事，必先利其器。”[3]良厨先多磨刀、多换布、多刮板、多洗手，然后治菜。至于口吸之烟灰，头上之汗汁，灶上之蝇蚁，锅上之烟煤，一玷入菜中，虽绝好烹庖[4]，如西子蒙不洁，人皆掩鼻而过之矣。

【译】切葱的刀不可用来切笋，捣椒的石臼不可用来捣米粉。闻到菜肴中的抹布味，便知是由于抹布洗得不净的缘故；闻到菜肴中的砧板气，便知是由于砧板刮得不净所造成。“工欲善其事，必先利其器。”一个好的厨师，先要多磨刀、多换抹布、多刮砧板、多洗手，然后才制做菜肴。至于吸烟的烟灰，头上的汗水，灶上的苍蝇、蚂蚁，锅上的烟煤，一旦玷污了菜肴，即使经过精心的烹制，也如同西施沾上了污秽，人人见了都要捂着鼻子走开。

用纤须知

俗名豆粉[5]为纤[6]者，即拉船用纤也。须顾名思义。因

---

① 臼：舂米的器具。一般用石头制成。

② 粉：这里指米粉。

③ 语出《论语·卫灵公》。

④ 烹庖：这里指烹调。

⑤ 豆粉：这里指绿豆粉。

⑥ 纤：同“芡”。

治肉者，要作团而不能合，要作羹而不能腻，故用粉以纤合之[①]；煎炒之时，虑肉贴锅，必至焦老，故用粉以护持之[②]。此纤义也。能解此义用纤，纤必恰当。否则乱用可笑，但觉一片糊涂。《汉制考》[③]：“齐[④]呼曲麸[⑤]为媒。”媒即纤矣。

【译】一般把豆粉称为芡，就是拉船要用纤的意思。我们可从名称来了解它的意思。因为用肉来制作肉圆不易粘合，制羹不能使汤汁浓腻，所以用芡粉凝合起来。煎炒菜肴时，担心肉贴锅就会焦老，所以用芡粉上浆来防护它。这就是纤的含义。懂得用芡的厨师，就能把芡用得恰到好处。否则，乱用一通，就会闹出笑话，看起来一塌糊涂。据《汉制考》记载，齐国人称曲麸为媒。媒就是纤的意思。

选用须知

选用之法：小炒肉用后臀[⑥]；做肉圆用前夹心[⑦]；煨肉用

---

① 指用肉浆做大肉圆，如“狮子头”之类，用酒、盐、味精，加干淀粉拌之可芡合；作羹用水淀粉加厚芡，可使汁腻。

② 炒肉片、炒鸡片之类，因肉质嫩，直接入锅急火炒，影响肉质。如用淀粉、酒、盐等调味先上薄浆，经温油锅滑溜后，加调略炒，则肉外部柔软滑润，里面鲜嫩。

③ 《汉制考》：书名。宋王应麟撰。此书是研究汉代政治、社会制度的著作。

④ 齐：指齐国（今山东北部）。

⑤ 曲（qū）麸：即酿酒用的曲饼。

⑥ 后臀：指后腿部位，紧靠坐臀的肉。它肉质细嫩，便于炒。

⑦ 前夹心：肉质较老，筋膜多，做肉圆或做馅心较适用。

硬短勒[1]。炒鱼片用青鱼、季鱼[2]；做鱼松用鲩鱼[3]、鲤鱼。蒸鸡用雌鸡。煨鸡用骟鸡，取鸡汁用老鸡。鸡用雌才嫩，鸭用雄才肥。蓴菜[4]用头，芹、韭用根，皆一定之理。余可类推。

【译】选用物料的方法是：小炒肉用猪后腿的精肉；做肉圆要用前夹心肉；煨肉要用五花的硬短肋。炒鱼片选用青鱼、鳜鱼；制鱼松用草鱼、鲤鱼。蒸鸡选用母鸡，煨鸡用骟鸡，提取鸡汁用老母鸡。鸡用雌的才鲜嫩，鸭用雄的才肥壮。莼菜用它的头端嫩叶，芹菜、韭菜用它的根部。这种选用方法，都有它一定的道理。其他物料都可以此类推。

疑似须知

味要浓厚，不可油腻；味要清鲜，不可淡薄。此疑似之间，差之毫厘，失以千里。浓厚者，取精多而糟粕去之谓也；若徒贪肥腻，不如专食猪油矣。清鲜者，真味出而俗尘无之谓也；若徒贪淡薄，则不如饮水矣。

【译】菜肴的味道要浓厚，不可油腻；要清鲜，不可淡薄。这是与不是之间，弄错一点，效果大不一样。“浓厚”是指多取精华去除糟粕而言；如果贪图肥腻厚重，倒不如专吃猪油。“清鲜”是指显出本味不沾恶味而言；如果光贪淡

---

① 硬短勒：指大排骨以下，奶脯以上之肋条肉。

② 季鱼：即鳜鱼。

③ 鲩（huàn）鱼：即草鱼。

④ 蓴（chún）菜：即莼菜。属睡莲科，采取头面嫩叶食用。杭州西湖、无锡太湖产的较有名。

薄寡味，还不如喝白开水呢！

补救须知

名手调羹，咸淡合宜，老嫩如式，原无需补救。不得已，为中人说法：则调味者，宁淡毋咸，淡可加盐以救之，咸则不能使之再淡矣；烹鱼者，宁嫩毋老，嫩可加火候以补之，老则不能强之再嫩矣。此中消息，于一切下作料时，静观火色，便可参详。

【译】名厨高手烹制的菜肴，咸淡适当，老嫩合适，本来不需要补救。但不得不为技术一般的人说一说补救的办法，那就是：调味时，宁淡勿咸，淡了可以加盐补救，咸了却不能使它再淡；烹制鱼类，宁嫩勿老，嫩了可以调节火候加以补救，老了就不能使它再变嫩。其中的关键，在于使用各种作料时，要仔细地观察火候的变化，并以此来推断并调制菜肴的咸淡和老嫩。

本分须知

满洲菜多烧煮，汉人菜多羹汤。童而习之，故擅长也。汉请满人，满请汉人，各用所长之菜，转觉入口新鲜，不失邯郸故步[①]。今人忘其本分，而要格外讨好：汉请满人用满菜，满请汉人用汉菜。反致依样葫芦，有名无实，“画虎不成反类成犬”矣。秀才下场，专作自己文字，务极其工，自

① 邯郸故步：比喻模仿别人，反而丧失了自己的原有技能。邯郸战国时为赵国首都。故步，旧的步法。

有遇合。若逢一宗师而摹仿之，逢一主考而摹仿之，则掇皮无真[1]，终身不中矣。

【译】满洲菜以烧煮为多，汉族菜以汤羹较多。因为从小就学，所以擅长。汉人宴请满人，满人宴请汉人，各用擅长的菜肴来款待，客人吃了，反而觉得新鲜有味，不失菜肴的特色。现在的人都忘了本分，偏要格外讨好：汉人请满人用满菜，满人请汉人用汉菜，反而成了依样画葫芦，有名无实，“画虎不成反类犬”了。就像秀才进考场一样，只要精心构思，竭力把自己的文章写好，自然会遇到受赏识的机会，如果碰到一个宗师就摹仿宗师，碰到一个主考就摹仿主考，那就徒有皮毛而无实学，考一辈子也是不会中的。

① 掇（duō）皮无真：只拾取皮毛而无真才实学。掇，拾取。

戒单

为政者兴一利，不如除一弊。能除饮食之弊，则思过半矣[1]。作《戒单》。

【译】当官的为民兴一利，不如除一弊。如果能除掉饮食中的弊端，可算领悟了大部分烹调之道。为此写了戒单。

戒外加油[2]

俗厨制菜，动熬猪油一锅，临上菜时，勺取而分浇之，以为肥腻。甚至燕窝至清之物，亦复受此玷污。而俗人不知，长吞大嚼，以为得油水入腹。故知前生是饿鬼投来。

【译】一般厨师做菜时，总要预先熬好一锅热猪油，临上菜时，就用勺把熟油分浇在菜面上，认为可使菜肴肥腻有味。甚至连燕窝这种最清洁的东西，也让这个法子给玷污了。而一般人不知道，竟狼吞虎咽起来，以为是把油水吃进了肚里。可知这种人是由饿鬼投生而来的。

戒同锅熟

同锅熟之弊，已载前"变换须知"一条中。

【译】食物同锅混烧的弊端，已经载入前面的"变换须知"一条中。

---

① 思过半矣：领悟了大部分。语出《周易·系辞下》。

② 外加油：指菜肴出锅，外浇猪油、香油等，名谓"明油"。作者提出此戒是有一定的道理，但现在为了菜的色泽好看或翻锅方便，仍有用的。

戒耳餐

何谓耳餐？耳餐者，务名之谓也。贪贵物之名，夸敬客之意，是以耳餐，非口餐也。不知豆腐得味远胜燕窝[①]，海菜不佳不如蔬笋[②]。余尝谓鸡、猪、鱼、鸭，豪杰之士也，各有本味，自成一家。海参、燕窝，庸陋之人也，全无性情，寄人篱下。尝见某太守燕客，大碗如缸，白煮燕窝四两，丝毫无味，人争夸之。余笑曰："我辈来吃燕窝，非来贩燕窝也。"可贩不可吃，虽多奚为[③]？若徒夸体面，不如碗中竟放明珠百粒，则价值万金矣。其如吃不得何！

【译】什么叫耳餐？耳餐的意思，就是把精力用在求名上，片面地去追求食物名贵，企图达到敬客之意。这种做法是用耳朵吃，而不是用口吃。不懂得豆腐烧得有味要比燕窝好吃得多；做得不好的海菜，不及蔬菜和鲜笋。我曾把鸡、猪、鱼、鸭比作豪杰之士，因为它们各具本味，能独自成菜；海参、燕窝好比庸陋之人，毫无性情，全靠别的东西来维持。我曾见某太守请客，用像水缸那么大的碗盛着四两白煮燕窝，吃起来一点味道也没有，客人们却都夸个不停。

---

① 不知豆腐得味远胜燕窝：指豆腐烧得好可胜燕窝。豆腐含有丰富的蛋白质，质软，烹制时容易吸收各种味道而起鲜。如用肥鲜之汤加蟹粉之类烩烹，其味鲜美，可胜燕窝。

② 海菜不佳不如蔬笋：海菜虽身价较高，但多为干腌之物，无新鲜之味，需鲜汁调味。而蔬菜、笋类系新鲜之物，本身就具有美味。作者用这句话来批评耳餐者的无知。

③ 虽多奚为：东西虽多，有什么用处？

我笑着说："我们是来吃燕窝的，不是来贩燕窝的，如果只能贩卖而不好吃，多又有什么用呢？"要是仅仅为了夸耀体面，不如就在碗里放上百粒明珠，倒值万金了，但不能吃，又有什么好处呢？

戒目食

何谓目食？目食者，贪多之谓也。今人慕"食前方丈[①]"之名，多盘叠碗，是以目食，非口食也。不知名手写字，多则必有败笔；名人作诗，烦[②]则必有累[③]句。极名厨之心力，一日之中所作好菜，不过四五味耳，尚难拿准，况拉杂横陈[④]乎？就使帮助多人，亦各有意见，全无纪律，愈多愈坏。余尝过一商家，上菜三撤席，点心十六道，共算食品将至四十余种。主人自觉欣欣得意，而我散席还家，仍煮粥充饥。可想见其席之丰而不洁[⑤]矣。南朝孔琳之曰："今人好用多品，适口之外，皆为悦目之资。"余以为肴馔横陈，熏蒸腥秽，目亦无可悦也。

【译】什么叫目食？目食的意思就是贪多。如今有些人羡慕菜肴满桌，叠碗垒盘，这是用眼吃，不是用嘴吃。他们不知道有名的书法家，字写多了，必有败笔；著名的诗

① 食前方丈：形容肴馔十分丰盛。

② 烦：多。

③ 累：累赘，平淡无奇。

④ 拉杂横陈：即乱七八糟一大堆。

⑤ 洁：这里是高尚的意思。

人，诗做得多了，必有平庸的句子。有名的厨师做菜，尽心竭力，一天之中也只能烧四五样好菜，而且把握还不大，何况要杂七杂八地摆满一桌子呢？即使有许多人去帮助，也各有己见，行动上毫无纪律，越多越坏事。我曾到一商人家赴宴，上菜换了三次席，点心有十六道，食品总计达四十余种之多。主人自以为很得意，而我回家后，还得煮粥充饥。可以想见那筵席多而不好的情况了。南朝孔琳之说："现在的人喜欢菜肴的品种多些，可是，除可口的之外，多数是图好看的点缀品。"我认为肴馔杂乱无章，气味秽浊，看了也没有愉快之感。

戒穿凿

物有本性，不可穿凿[1]为之。自成小巧，即如燕窝佳矣，何必捶以为团？海参可矣，何必熬之为酱？西瓜被切，略迟不鲜，竟有制以为糕者。苹果太熟，上口不脆，竟有蒸之以为脯[2]者。他如《尊生八笺》之秋藤饼，李笠翁之玉兰糕，都是矫揉造作，以杞柳[3]为杯棬[4]，全失大方。譬如庸德庸行，做到家便是圣人，何必索隐行怪[5]乎！

【译】物都有本性，不可牵强行事，顺其自然，就成

① 穿凿：生拉硬扯。

② 脯（fǔ）：蜜渍的干果或肉干。

③ 杞（qǐ）柳：一种落叶丛生灌木，枝条柔韧，供编制柳条箱、篮、筐等用。

④ 杯棬：古代用曲木制成的杯盘，全句出于《孟子》，比喻物失去它的本来的形性。

⑤ 索隐行怪：搜寻隐僻的东西，做稀奇古怪的事。

为很巧妙的东西。燕窝是最好的了，何必一定要把它捶成丸子呢？海参也是很好的了，何必一定把它熬成酱呢？西瓜切开后，放的时间稍长就不新鲜了，却有人把它制成糕。苹果太熟，吃起来就不脆，竟有人把它蒸熟做成脯。其他如《尊生八笺》中的秋藤饼、李笠翁的玉兰糕，都是矫揉造作失去本性的东西，像是把杞柳的枝条扭曲作成的杯盘一样，全无自然大方的气概。譬如做人，只要按照常人的道德行为做到家，就是圣人了，何必要去做些稀奇古怪的事呢？

戒停顿

物味取鲜，全在起锅时及锋而试[①]。略为停顿，便如霉过衣裳，虽锦绣绮罗，亦晦闷而旧气可憎矣！尝见性急主人，每摆菜必一齐搬出。于是厨人将一席之菜，都放蒸笼中，候主人催取，通行齐上。此中尚得有佳味哉！在善烹饪者，一盘一碗，费尽心思；在吃者，卤莽暴戾，囫囵吞下，真所谓得哀家梨[②]，仍复蒸食者矣。余到粤东，食杨兰坡明府[③]鳝羹而美。访其故，曰："不过现杀、现烹、现熟、现吃，不停顿而已。"他物皆可类推。

【译】食物的鲜美滋味，一定要在刚起锅时品尝，稍微

① 及锋而试：趁着刀剑锋利的时候试用它。这里意为：菜肴应当趁刚烧好的时候就吃。及，趁着。锋，锋利。

② 哀家梨：传说是汉朝秣（mò）陵（今南京市郊）人哀仲所种之梨。《世说》："君得哀家梨，当复不蒸食不？"刘峻注："旧语，秣陵有哀仲家梨甚美，大如升，入口消释。言愚人不别味，得好梨蒸食之也。"

③ 明府：汉代对郡守之尊称，唐以后则多专用以称县令。

停放，就不鲜不香了，就像霉过的衣裳，虽然是锦绣绮罗做成的，也有一股使人讨厌的霉气。我曾见过性急的主人，每次请客摆菜，总是要求把菜一起搬出。厨师只能将烧好的整桌菜放入蒸笼里，等候主人催取时一起搬上去。这样的菜还有什么好的滋味呢！善于烹饪的厨师总是费尽心思，把菜一盘一碗地烧出来；而吃的人却鲁莽粗暴，囫囵吞下去，真好比得到哀家梨，不趁新鲜时吃，而将它蒸熟再吃那样可笑。我在粤东杨兰坡知县家吃过鳝羹，味道极好。我问原因，他说："只不过现杀、现烹、现熟、现吃，不停顿罢了。"这个方法也适于其他的食物。

戒暴殄[①]

暴者不恤人功，殄者不惜物力。鸡、鱼、鹅、鸭，自首至尾，俱有味存，不必少取多弃也。尝见烹甲鱼者，专取其裙[②]而不知味在肉中。蒸鲥鱼者，专取其肚而不知鲜在背上[③]。至贱莫如腌蛋，其佳处虽在黄不在白，然全去其白而专取其黄，则食者亦觉索然矣。且予为此言，并非俗人惜福之谓。假使暴殄而有益于饮食，犹之可也；暴殄而反累于饮食，又何苦为之？至于烈炭以炙活鹅之掌，剸[④]刀以取生鸡之肝，皆君子所不为也。何也？物为人用，使之死，可也；

① 暴殄（tiǎn）：语出《尚书·武成》。原指残害百物。这里指不爱惜食物的意思。

② 裙：鳖甲周围的肉质软边。

③ 鲜在背上：因鲥鱼的背含有大量蛋白质和脂肪，故鲜在背上。

④ 剸（tuán）：割断，截断。

使之求死不得，不可也。

【译】暴虐的人是不体恤人力的，糟蹋东西的人是不珍惜物力的。鸡、鱼、鹅、鸭等，从头到尾都是有味的，不必少取多弃。我曾见过烹制甲鱼的人，专取它的裙边，而不知味道在于甲鱼的肉中。还有蒸鲥鱼的，专取鲥鱼的肚，而不知鲜味在鲥鱼的背上。最便宜的东西莫过于腌蛋了，它最好的味道虽在蛋黄，不在蛋白，但是专吃蛋黄不吃蛋白，吃的人也会觉得索然无味了。我说这样的话，并非如俗人那样是为了积福。假如浪费能使食物更为好吃，倒还说得过去；如果浪费反而有损于食物，那又何苦去这样做呢？至于用烈炭来烤活鹅的脚掌，用刀割取活鸡的肝，都是君子所不为的。为什么鸡、鹅等活物为人所用，把它杀死，是可以的；但使它求死不得的做法，却是不可取的。

戒纵酒

事之是非，惟醒人能知之；味之美恶，亦惟醒人能知之。伊尹[①]曰：“味之精微，口不能言也。”口且不能言，岂有呼呶[②]酗酒[③]之人能知味者乎？往往见拇战之徒[④]，啖佳肴如啖木屑，心不存焉。所谓惟酒是务，焉知其余，而治味之道扫地矣。万不得已，先于正席尝菜之味，后于撤席逞酒

① 伊尹：商初名厨，后任宰相。后世人誉之为“烹饪之圣”。

② 呼呶（náo）：大叫大嚷。

③ 酗酒：无节制地饮酒；撒酒疯。

④ 拇战之徒：指猜拳喝酒的人。

之能，庶乎其两可也。

【译】事情的是与非，只有头脑清醒的人才分得清；食物味道的好与坏，也只有清醒的人才能品尝得出。伊尹说："滋味的精妙处，口是说不清楚的。"口都不能说得清楚，那么，大呼小叫的醉汉怎么能知道其中的精妙呢？经常看见猜拳酗酒的人，把佳肴当木屑似的大口吞吃，他们的心思全不在品味上。所谓一门心思为了喝酒，哪里还知道其他呢？制作菜肴的功夫也就白花了。如果非饮不可，最好先在正席上尝尝菜味，吃完后再施展饮酒的本领。这样，或许两方面都可得到享受。

戒火锅

冬日宴客，惯用火锅。对客喧腾，已属可厌；且各菜之味，有一定火候，宜文宜武，宜撤宜添，瞬息难差[①]。今一例以火逼之，其味尚可问哉[②]！近人用烧酒代炭，以为得计，而不知物经多滚，总能变味。或问："菜冷奈何？"曰："以起锅滚热之菜，不使客登时食尽，而尚能留之以至于冷，则其味之恶劣可知矣。"

【译】冬天设宴请客，习惯上多用火锅。一用火锅，火气水味，对客喧腾，已经是够讨厌的了；况且各菜各味，都

① 瞬息难差：这里是说，制菜用什么火候，十分重要，不能有丝毫之差。

② 这句话是说火锅不讲火候区别，不管什么嫩老食物都用一种火候煮，没有什么滋味可言。古时用火锅煮食，不分火候，口味不佳。现今已有改进，冬季颇受食客青睐，无戒的必要。

有一定火候，有的宜用文火，有的宜用武火，有的要撤去，有的要添加，这是瞬息之间也不能相差的。现在一概用火急攻，这种菜的滋味还有什么可说的呢！近来有人用烧酒代炭，以为是个好办法，其实不知食物经过多滚，总要变味。有人要问："菜冷了，怎么办？"我说："刚起锅的滚热菜却不能使客人立刻吃完，而摆着直至冷凉，那这菜滋味的恶劣，也就可想而知了。"

戒强让

治具宴客，礼也。然一肴既上，理宜凭客举箸[①]，精肥整碎，各有所好，听从客便，方是道理，何必强让之？尝见主人以箸夹取，堆置客前，污盘没碗，令人生厌。须知客非无手无目之人，又非儿童、新妇，怕羞忍饿，何必以村妪小家子之见解待之？其慢客也至矣！近日倡家[②]，尤多此种恶习，以箸取菜，硬入人口，有类强奸，殊为可恶。长安有甚好请客而菜不佳者，一客问曰："我与君算相好乎？"主人曰："相好！"客跽[③]而请曰："果然相好，我有所求，必允许而后起。"主人惊问："何求？"曰："此后君家宴客，求免见招。"合坐为之大笑。

【译】设宴请客，是一种礼节。因而一菜上桌，理应请客人自己选择，精的肥的，整的碎的，各有所好，听从客

① 箸（zhù）：筷子。

② 倡家：古称歌舞艺人为倡。倡家，或指歌妓。

③ 跽（jì）：长跪，双膝着地，上身挺直。

人自便，这才是待客的道理，何必硬让强劝呢？我曾见到主人用筷子夹取食物堆放在客人面前，弄得盘污碗满，使人生厌。要知道客人并不是没手没眼的人，又不是儿童、新娘怕羞而强忍饥饿。那又何必用村婆小家子的见识来招待呢？这种做法怠慢客人真是到了极点。近来歌妓这种恶习更多。夹着菜硬往客人嘴里塞，这好比强奸，最为可恶。长安有位非常好请客但菜肴却不佳的人。有位客人问主人道："我同你可算得上好朋友吧？"主人说："是要好的朋友。"客人长跪着说道："果真是好朋友的话，我有个请求，必须得到你的允许后才起来。"主人惊奇地问："有什么要求？"客人说道："今后你家请客，千万不要再邀请我了。"满席人听了为之大笑。

戒走油

凡鱼、肉、鸡、鸭，虽极肥之物，总要使其油[①]在肉中，不落汤中，其味方存而不散。若肉中之油半落汤中，则汤中之味反在肉外[②]矣。推原其病有三：一误于火太猛，滚急水乾，重番加水[③]；一误于火势忽停，既断复续[④]；一病在

① 油：指肉质中所含的脂肪美味。

② 这是说，如果肉经滚煮，因火候过猛过长，肉中之"油"一半落入汤中后，就转化为汁，部分又随气溢出。

③ 指煮食时，因火猛过急，锅中之汁被烧干，使真味走失；屡次加水，汤则久煮而不浓，淡而无味。

④ 食物成熟时取出，肉质油味俱存。如火停，肉质易被滚水窝酥，鲜味走散；加火再烧，美味又会随气挥发掉。

于太要相度，屡起锅盖，则油必走[①]。

【译】凡鱼、肉、鸡和鸭，虽是极肥的食物，但总要使它们的油脂藏在肉中，不落在汤中，这样，才能使本味保存不散。如果肉中的油脂有一半落到汤中，那么汤中的滋味反而在肉的外面了。造成这种弊病的原因有三：一种是用火太猛，锅滚得太开，水烧干了，多次加水；一种是火势突然停熄，火断再烧；一种是察看锅中情状的心太切，锅盖揭开的次数过多，美味必然走失。

戒落套

唐诗最佳，而五言八韵之试帖[②]名家不选，何也？以其落套故也。诗尚如此，食亦宜然。今官场之菜，名号有“十六碟”“八簋[③]”“四点心”之称，有“满汉席”之称，有“八小吃”之称，有“十大菜”之称。种种俗名，皆恶厨陋习。只可用之于新亲上门，上司入境，以此敷衍；配上椅披、桌裙、插屏、香案，三揖百拜方称。若家居欢宴，文酒开筵[④]，安可用此恶套哉？必须盘碗参差，整散杂进，方有名贵之气象。余家寿筵婚席，动至五六桌者，传唤外

① 煮食物时，肉质溢出之“油”在汤和蒸汽中，如锅盖紧闭久煮，即成浓汁；如经常开盖察看，“油”也会随气逸出，失香减味。

② 五言八韵之试帖：自唐朝开始历代封建王朝所规定的科举考试答题格式。考生须用古人诗句或成语为题。一般要求按限定韵脚写五言六韵或八韵的排律，为皇帝歌功颂德。这种诗就叫五言八韵试帖诗。

③ 八簋（guī）：犹现在所说的八大碗。簋，古代食器。

④ 文酒开筵：指邀集亲友在酒席上赋诗作文。

厨，亦不免落套。然训练之，卒范我驰驱[1]者，其味亦终竟不同。

【译】诗以唐诗最佳，但五言八韵的试帖诗，名家不选它，这是为什么？因为它落了俗套的缘故。诗尚且这样，食物落俗套被人厌弃，是理所当然了。现在官场中的菜肴，名号有“十六碟”“八大碗”“四点心”之称，有“满汉筵席”之称，有“八小吃”之称，有“十大菜”之称。种种俗名，都是不好的厨师的陈规陋习。当新亲上门或上司路过时，用这一套来敷衍应付，并配上椅披、桌裙、屏风、香案，行三揖百拜的礼才相称。倘若家中欢宴亲友，吟诗唱和，怎么可用这种陈腐烂套呢？必须盘碗的大小形制不一，所上的菜，有整有散，才有名贵的气象。我家举办寿筵婚席，总要五六桌之多，请外面的厨师来做，也不免要落入俗套。按照我的要求把他们训练一番之后，最后也能照我家的规矩行事，但风味终究不同。

戒混浊[2]

混浊者，并非浓厚之谓。同一汤也，望去非黑非白，如缸中搅浑之水。同一卤也，食之不清不腻，如染缸倒出之浆。此种色味，令人难耐。救之之法，总在洗净本身，善加作料，伺察水火，体验酸咸，不使食者舌上有隔皮隔膜之

① 卒范我驰驱：语出《孟子·滕文公下》。最后照我的方法行事。卒，终于。范，法式，这里作“按照”讲。驰驱，快跑。

② 混浊：指汤该清不清、该浓不浓、混浊不堪。

嫌。庾子山论文云："索索无真气，昏昏有俗心[①]。"是即混浊之谓也。

【译】混浊，并不是浓厚的意思。有一种汤，看上去不黑不白，有如缸中搅浑的水；有一种卤，吃起来不清不腻，有如染缸里倒出来的浆水。这种颜色和气味，使人难以忍受。解救这种弊病的方法，全在于洗净食物的本身，善于用作料，细心审察水量多少和火候大小，尝试酸咸是否适度，不使吃的人舌上有隔皮隔膜那种厌恶的感觉。庾子山评论文章时所说的"索然无味，没有生气，庸俗糊涂"，指的就是混浊这个意思。

戒苟且

凡事不宜苟且，而于饮食尤甚。厨者皆小人下材，一日不加赏罚，则一日必生怠玩[②]。火齐[③]未到，而姑且下咽，则明日之菜必更加生；真味已失，而含忍不言，则下次之羹必加草率。且又不止，空赏空罚而已也。其佳者，必指示其所以能佳之由；其劣者，必寻求其所以致劣之故。咸淡必适其中，不可丝毫加减，久暂必得其当，不可任意登盘。厨者

① 索索无真气，昏昏有俗心：庾子山《拟咏怀》中的诗句。庾子山，即庾信，北周文学家。索索，形容没有生气。真气，纯真之气。无真气，即有世俗之气。昏昏，迷乱。俗心，追逐功利之心。

② 厨师在旧社会都被看作是缺少知识才能的下等人。这里也反映了作者的偏见。

③ 火齐：即火候。

偷安，吃者随便，皆饮食之大弊。审问、慎思、明辨[①]，为学之方也；随时指点，教学相长，作师之道也。于味何独不然[②]？

【译】做任何事都不可马虎，对于饮食更是如此。厨师多是社会地位低下、缺少知识的人，一天不加赏罚，就要怠惰玩忽。烧出的菜，火功不到，如果你勉强地咽下去不言语，那么明天的菜就更加生了。菜肴的真味已失，还忍耐着不去说他，那么下次的菜，必定烧得更加草率了。而且这种事情还会发展下去，这都因为你的赏罚不落实的缘故。所以对烧得好的，必须指出其所以烧得好的理由；对烧得不好的，必须找出其所以烧得不好的原因。务必使厨师做到咸淡适中，不可有丝毫的增减；火候的长短，必须用得恰当，绝不能任意装盘。厨师贪图安逸方便，吃的人随随便便，这都是饮食中的大弊。“审问、慎思、明辨”是作学问的方法，“随时指点，教学相长”是为师之道，饮食又何尝不是这样呢？

① 语出《中庸》：博学之，审问之，慎思之，明辨之，笃行之。意思是说必须详细地问清楚，慎重地思考，明辨是非。

② 这里的意思是：师生也要相互学习，互相提高。那么，对于烹制各种菜肴来说，也要这样。

海鲜单

古八珍[1]并无海鲜之说。今世俗尚之[2]，不得不吾从众，作《海鲜单》。

【译】古代的八珍里并没有提到海鲜，但今天人们喜欢吃海鲜，我也不得不遵从大伙的爱好，因此写了《海鲜单》。

燕窝

燕窝贵物，原不轻用。如用之，每碗必须二两，先用天泉滚水泡之，将银针挑去黑丝。用嫩鸡汤、好火腿汤、新蘑菇三样汤滚之，看燕窝变成玉色为度。此物至清，不可以油腻杂之；此物至文[3]，不可以武物[4]串之。今人用肉丝、鸡丝杂之，是吃鸡丝、肉丝，非吃燕窝也。且徒务其名，往往以三钱生燕窝盖碗面，如白发数茎，使客一撩不见，空剩粗物满碗。真乞儿卖富，反而露出穷相。不得已，则蘑菇丝、笋尖丝、鲫鱼肚、野鸡嫩片，尚可用也。余到粤东，杨明府冬瓜燕窝甚佳，以柔配柔，以清入清，重用鸡汁、蘑菇汁而已。燕窝皆作玉色，不纯白也。或打作团，或敲成面，俱属穿凿。

---

① 古八珍：指《周礼·天官》及《礼记·内则》所记载的淳熬、淳母、炮豚、炮牂（zāng）、捣珍、渍、熬、肝膋（liáo）等八种美味食品。

② 尚之：时兴的意思。

③ 至文：这里指燕窝质地柔软。

④ 武物：指质硬带骨的原材料。

【译】燕窝是贵重的东西，原本不轻易使用。如果要用，每碗必须二两，先用烧开了的雨水泡发，再用银针挑去里面的黑丝。然后加嫩鸡汤、好火腿汤、新蘑菇三样汤煮滚，看到燕窝变成玉色就可以了。燕窝是至清的东西，不可将油腻的东西掺杂进去，燕窝又是质地最柔软的东西，不可以和质硬带骨的东西一起吃。现在人们喜欢掺杂着肉丝、鸡丝吃燕窝，这是吃鸡丝、肉丝，哪里是吃燕窝呢！并且只追求虚名，往往只用三钱生燕窝盖在碗面上，真好似几根白发，客人筷子一扒拉燕窝就看不见了，空剩下粗物满碗。真是乞儿卖富，反露贫相。其实，迫不得已，蘑菇丝、笋尖丝、鲫鱼肚、野鸡嫩片，还是可以用的。我到粤东，杨明府家的冬瓜燕窝做得特别好，其实也就是以柔配柔，以清入清，多用鸡汁、蘑菇汁罢了。燕窝都是玉色的，而不是纯白的。那些把燕窝或者打成团，或者敲成面，都属于穿凿附会的做法。

海参三法

海参，无味之物，沙多气腥，最难讨好。然天性浓重，断不可以清汤煨也。须检小刺参，先泡去泥沙，用肉汤滚泡三次，然后以鸡、肉两汁红煨极烂。辅佐则用香蕈[①]、木耳，以其色黑相似也。大抵明日请客，则先一日要煨，海参才烂。尝见钱观察[②]家，夏日用芥末、鸡汁拌冷海参丝，甚

---

① 香蕈：即香菇、冬菇。

② 观察：清代对道员的尊称。

佳。或切小碎丁，用笋丁、香蕈丁入鸡汤煨作羹。蒋侍郎[1]家用豆腐皮、鸡腿、蘑菇煨海参，亦佳。

【译】海参是无味的东西，并且含沙多，气味腥，最难做好。海参因天性浓重，绝不可以用清汤煨它。须挑选小刺参，先泡发去掉泥沙，再用肉汤滚泡三次，然后用鸡、肉两汁红煨到极烂。辅料则可用香蕈、木耳，因为这两样也都是黑颜色，和海参相似。大概明天请客，则提前一天就要煨上，海参才能很烂。我曾见钱观察家夏天用芥末、鸡汁拌冷海参丝，非常好吃。或者把海参切成小碎丁，加上笋丁、香蕈丁入鸡汤煨成羹汤。蒋侍郎家用豆腐皮、鸡腿、蘑菇煨海参，也很好。

鱼翅二法

鱼翅难烂，须煮两日，才能摧刚为柔。用有二法：一用好火腿、好鸡汤，加鲜笋、冰糖钱许煨烂，此一法也；一纯用鸡汤串细萝卜丝，拆碎鳞翅，搀和其中，飘浮碗面，令食者不能辨其为萝卜丝、为鱼翅，此又一法也。用火腿者，汤宜少；用萝卜丝者，汤宜多。总以融洽柔腻为佳。若海参触鼻，鱼翅跳盘[2]，便成笑话。吴道士家做鱼翅，不用下鳞[3]，单用上半原根，亦有风味。萝卜丝须出水二次，其臭才去。

---

① 侍郎：官名。

② 这里指海参、鱼翅因未发透至软所出现的状况。海参僵硬，食时碰鼻。鱼翅发直，筷夹时，即滑出盘外。

③ 下鳞：指鱼翅下半部。

尝在郭耕礼家吃鱼翅炒菜，妙绝！惜未传其方法。

【译】鱼翅难烂，必须煮两天才能化刚为柔。有两种做法：一种用好火腿、好鸡汤，加鲜笋、冰糖一钱左右煨烂，这是第一种方法；一种纯用鸡汤汆细萝卜丝，把鱼翅拆成细丝，搀和其中，让食客不能辨清漂浮在碗面上的是萝卜丝还是鱼翅，这又是一种方法。用火腿的，汤宜少；用萝卜丝的，汤宜多，以达到融洽柔腻为好。如果没有发好，做出来的海参触鼻，鱼翅涨发得硬，就容易滑到盘外，便成了笑话。吴道士家做鱼翅，不用鱼翅的下半部分，单用上半原根，亦很有风味。萝卜丝必须焯水二次，臭味才能去尽。我曾在郭耕礼家吃鱼翅炒菜，妙绝，可惜没有得到他的做法。

鳆鱼[1]

鳆鱼炒薄片甚佳。杨中丞[2]家削片入鸡汤豆腐中，号称"鳆鱼豆腐"，上加陈糟油浇之。庄太守用大块鳆鱼煨整鸭，亦别有风趣。但其性坚，终不能齿决[3]。火煨三日，才拆得碎。

【译】鳆鱼炒薄片很好吃。杨中丞家把鳆鱼削片加入鸡汤豆腐中，号称"鳆鱼豆腐"，上面浇上陈糟油调味。庄太守用大块鳆鱼煨整鸭，也别有风味。但鳆鱼肉性坚韧，时间短了很难嚼得动。必须慢火煨三日，才能煨烂。

---

① 鳆（fù）鱼：即鲍鱼。

② 中丞：官名。汉代为御史大夫的属官。清代用作对巡抚的称呼。

③ 齿决：用牙齿咬断。

淡菜[1]

淡菜煨肉加汤颇鲜。取肉去心，酒炒亦可。

【译】淡菜煨肉加汤味道很鲜。取肉去心，酒炒也可。

海蝘[2]

海蝘，宁波小鱼也，味同虾米，以之蒸蛋甚佳。作小菜亦可。

【译】海蝘，是宁波的一种小鱼，味道同虾米。用海蝘蒸蛋羹很好吃，作小菜也可以。

乌鱼蛋[3]

乌鱼蛋最鲜，最难服事。须河水滚透，撤沙去臊，再加鸡汤、蘑菇煨烂。龚云岩司马[4]家制之最精。

【译】乌鱼蛋味道最鲜，却最难收拾，必须用河水烧滚烧透，这样才能洗去沙粒去掉臊味，然后再加鸡汤、蘑菇煨烂。龚云岩司马家制作的乌鱼蛋最精美。

---

① 淡菜：贻贝的肉经煮熟后晒干而成的干制食品。食用时先用清水洗净，温水浸泡。清炖或煨食和炖肉均佳。

② 海蝘（yǎn）：俗称海蜓，福建、浙江、山东等地产。属稀少海味品，其味鲜美，越小越鲜，做汤菜最佳。

③ 乌鱼蛋：乌鱼即墨鱼。乌鱼蛋食用前需剥去黑色的一根黑翳（yì），用水洗净，去其臊味。可制汤也可煨食，味鲜美。

④ 司马：官名。

江瑶柱[①]

江瑶柱出宁波，治法与蚶、蛏同。其鲜脆在柱，故剖壳时多弃少取。

【译】江瑶柱出产在宁波，做法与蚶子、蛏子相同。江瑶柱鲜脆都在肉柱上，所以剖壳时应多弃掉一些无用的部分，才能得到小部分精华。

蛎黄[②]

蛎黄生石子上。壳与石子胶粘不分。剥肉做羹，与蚶、蛤相似。一名鬼眼。乐清、奉化两县土产，别地所无。

【译】蛎黄生长在石子上，壳与石子粘得很紧，很难分开。剥出蛎黄肉做成羹，与蚶、蛤相似。蛎黄还有一个名字叫鬼眼。蛎黄是乐清、奉化两县的土产，别的地方没有。

① 江瑶柱：即干贝。我国沿海生产。是一种名贵的海味品。但它很少独用，多数用于炖汤提味。

② 蛎（lì）黄：牡蛎肉。牡蛎，现广东、福建、台湾养殖较多。肉味鲜美，生食、烹食均可，也可加工制成蚝豉、蚝油及罐头品。

江鲜单

郭璞[①]《江赋》鱼族甚繁。今择其尝有者治之。作《江鲜单》。

【译】郭璞在《江赋》中提到的鱼类有很多种，我在这里选择其中常见的，介绍它们的做法，写了《江鲜单》。

刀鱼二法

刀鱼用蜜、酒酿、清酱，放盘中，如鲥鱼法蒸之最佳，不必加水。如嫌刺多，则将极快刀刮取鱼片，用钳抽去其刺，用火腿汤、鸡汤、笋汤煨之，鲜妙绝伦。金陵[②]人畏其多刺，竟油炙极枯[③]，然后煎之。谚曰："驼背夹直，其人不活。"此之谓也。或用快刀将鱼背斜切之，使碎骨尽断，再下锅煎黄，加作料。临食时，竟不知有骨。芜湖陶大太法也。

【译】刀鱼加上蜜、酒酿、清酱放在盘中，用做鲥鱼的方法清蒸最好，不必加水。如果嫌鱼刺多可以用特别快的刀把鱼切成鱼片，用钳子抽出鱼刺，然后用火腿汤、鸡汤、笋汤煨，鲜妙绝伦。金陵人害怕刀鱼多刺，竟然先用油把鱼炸到枯干，然后再煎。谚语说："驼背夹直，其人不活。"说

---

① 郭璞（pú）（公元276—324年）：晋河东闻喜（今山西）人。文学家、训诂学家。好经术，擅词赋，东晋初为著作佐郎。曾作《江赋》，载述鱼类状况。

② 金陵：今南京，古称金陵。

③ 指先用油汆至枯，再烹制。这样就失去了刀鱼鲜嫩之特点。

的正是这种做法呀。或者用快刀从鱼背斜切，使碎骨尽断，再下锅煎黄，加佐料。临食时，竟不知道有骨。这是芜湖陶大太的做法。

鲥鱼

鲥鱼用蜜酒蒸食，如治刀鱼之法便佳。或竟用油煎，加清酱、酒酿亦佳。万不可切成碎块，加鸡汤煮；或去其背，专取肚皮，则真味全失矣。

【译】鲥鱼用甜酒清蒸吃，像做刀鱼的方法已是很好。也有先用油煎，再加清酱、酒酿，也好。最不可取的是把鱼切成碎块加鸡汤煮，或去鱼背，专取肚皮，这么做，鲥鱼的真味就全失掉了。

鲟鱼

尹文端公自夸治鲟鳇[①]最佳，然煨之太熟，颇嫌重浊。惟在苏州唐氏吃炒鳇鱼片甚佳。其法：切片油炮，加酒、秋油滚三十次，下水再滚，起锅加作料，重用瓜、姜、葱花。又一法：将鱼白水煮十滚，去大骨，肉切小方块；取明骨[②]，切小方块，鸡汤去沫，先煨明骨，八分熟，下酒、秋油，再下鱼肉，煨二分烂起锅，加葱、椒、韭，重用姜汁一大杯。

---

① 鲟（xún）鳇（huáng）：鱼名。产江河及近海深水中，无鳞。鲟鳇是两种鱼，但体型相似，同属鲟科，所以常并称。

② 明骨：指鲟鱼头部及背脊间的软骨，俗称“脆骨”。色白软脆，营养丰富，可鲜吃，也可制干。

【译】尹文端先生自夸做鲟鳇最好吃，但我觉得他做的鲟鳇煨得过熟，口味似乎太重了。只有在苏州唐氏处吃的炒鳇鱼片很好，方法是：鱼切片，旺火急炒，加酒、秋油滚三十次，下水再滚，起锅加作料，多些用瓜、姜、葱花。又一法：把鱼白水煮十滚，去掉大骨，肉切成小方块；取出明骨，切成小方块。鸡汤去沫，先煨明骨，到八分熟，下酒、秋油，再下鱼肉，煨二分烂起锅，加葱、椒、韭，姜汁多加，大约一大杯。

黄鱼

黄鱼切小块，酱油郁一个时辰，沥干；入锅爆炒，两面黄，加金华豆豉一茶杯、甜酒一碗、秋油一小杯同滚。候卤干色红，加糖、加瓜姜收起，有沉浸浓郁之妙。又一法：将黄鱼拆碎，入鸡汤作羹，微用甜酱水、纤粉收起之，亦佳。大抵黄鱼亦系浓厚之物，不可清治之也。

【译】黄鱼切成小块，用酱油腌一个时辰，沥干；入锅爆炒，等到两面黄时，加金华豆豉一茶杯、甜酒一碗、秋油一小杯一同滚煮。等到卤干色红，加糖、加瓜姜收起。这么做有沉浸浓郁之妙。还有一种做法：将黄鱼拆碎，加进鸡汤里作成羹，稍用甜酱水，最后加芡粉收起，也很好。黄鱼基本上属于需要做的口味浓厚的食物，不可做得太清淡。

班鱼

班鱼[1]最嫩，剥皮去秽，分肝、肉二种，以鸡汤煨之，下酒三分、水二分、秋油一分。起锅时，加姜汁一大碗，葱数茎，杀去腥气。

【译】班鱼最嫩，剥去皮去掉脏东西，把鱼肝、鱼肉分开，用鸡汤煨，加酒三分、水二分、酱油一分，起锅时，加姜汁一大碗，葱几根，用以去除腥气。

假蟹

煮黄鱼二条，取肉去骨，加生盐蛋四个，调碎，不拌入鱼肉；起油锅炮，下鸡汤滚，将盐蛋搅匀，加香蕈、葱、姜汁、酒。吃时酌用醋。

【译】黄鱼两条煮熟，取肉去骨。准备生盐蛋四个，打散，先不拌入鱼肉。起油锅急炒鱼肉，下鸡汤烧滚，下盐蛋搅匀，最后加香蕈、葱、姜汁、酒。吃时可适量用醋。

① 班鱼：也称鲐鱼、斑点鱼，形似河豚。长江下游地区盛产。

特牲单

猪用最多，可称“广大教主[①]”。宜古人有持豚馈食之礼[②]。作《特牲单》。

【译】猪肉的用处最多，可以称得上各种原料之最。因而古人有拿猪肉作为食物馈赠之礼。因此写了《特牲单》。

猪头二法

洗净。五斤重者，用甜酒三斤；七八斤者，用甜酒五斤。先将猪头下锅同酒煮，下葱三十根、八角三钱，煮二百余滚；下秋油一大杯、糖一两。候熟后，尝咸淡，再将秋油加减。添开水要漫过猪头一寸，上压重物；大火烧一炷香[③]；退出大火，用文火细煨收干，以腻为度。烂后即开锅盖，迟则走油。一法：打木桶一个，中用铜帘隔开，将猪头洗净[④]，加作料闷入桶中，用文火隔汤蒸之，猪头熟烂，而其腻垢悉从桶外流出，亦妙。

【译】猪头先洗净。五斤重的，用甜酒三斤；七八斤重的，用甜酒五斤。先把猪头下锅同酒一起煮，放葱三十根、八角三钱，煮二百余滚后，加酱油一大杯、糖一两。等到猪

---

① 广大教主：以猪肉制成菜肴，用途最多，足以评为各种原物料之首领。

② 古时，人们专门以整头猪或以猪肉为主要原料制成的食物，作为相互赠送的礼品。

③ 烧一炷香：相当于四十五分钟左右。

④ 将猪头洗净：指须先刮净猪毛，将猪头劈成二爿（pán），然后用冷水烧滚，焯水，再以清水洗净。

头熟了，尝尝咸淡，再决定秋油加减数量。添开水时水要漫过猪头一寸，上面压上重物。先用大火烧一炷香时间，再退出大火，改用文火细煨收干，以口感柔腻为度。肉烂后当即揭开锅盖，迟了就会走油。还有一个方法：做一个木桶，中间用铜帘隔开，将猪头洗净，加上佐料腌在桶里。（把木桶放在屜上）用文火隔水蒸，如此猪头熟烂，而其腻垢都从桶外流出了，这个法子也很妙。

猪蹄四法

蹄膀一只，不用爪，白水煮烂，去汤；好酒一斤，清酱、酒杯半，陈皮一钱，红枣四五个煨烂。起锅时，用葱、椒、酒泼入，去陈皮、红枣。此一法也。又一法：先用虾米煎汤代水，加酒、秋油煨之。又一法：用蹄膀一只，先煮熟，用素油灼[1]皱其皮，再加作料红煨。有土人好先掇食其皮，号称“揭单被”。又一法：用蹄膀一个，两钵合之，加酒，加秋油，隔水蒸之，以二枝香[2]为度，号“神仙肉”，钱观察家制最精。

【译】蹄膀一只，不用爪，先用白水煮烂，去汤；然后加好酒一斤，清酱、酒各一杯半，陈皮一钱，红枣四五个煨烂。起锅时，把葱、椒、酒泼入，去掉陈皮、红枣。这是一

① 灼：这里指素油烧热后，将煮熟之蹄膀放在有眼的铁漏勺中，入油锅走油至皮皱、精肉松即好。然后加佐料红烧，今名为“走油蹄”。其特点是，皮皱酥烂，肥而不腻。

② 二枝香：两柱香的工夫，约一个半小时。

种方法。又一种方法：先用虾米煎汤代替白水，再下猪蹄，加酒、酱油煨熟。又一种方法：用蹄膀一只，先煮熟，把素油烧热，让蹄膀在其中走油直至皮皱，再加作料红烧。有当地人喜欢先吃撕下来的蹄膀皮，号称“揭单被”。又一种方法：用蹄膀一个，放进合扣的两钵之间，加酒、酱油，隔水蒸，大约蒸二炷香的工夫即可，号称“神仙肉”，钱观察家制作的最为精美。

猪爪、猪筋

专取猪爪，剔去大骨，用鸡肉汤清煨之。筋[①]味与爪相同，可以搭配。有好腿爪亦可搀入。

【译】专门选取猪爪，剔去大骨，用鸡肉清汤煨熟。猪蹄筋味道与猪爪相同，还可以和其他食料搭配成菜。有好腿爪也可以掺进去。

猪肚二法

将肚洗净，取极厚处，去上下皮，单用中心，切骰子块；滚油炮炒，加作料起锅，以极脆为佳[②]。此北人法也。南人白水加酒煨二枝香，以极烂为度，蘸清盐食之亦可[③]；或加鸡汤、作料煨烂，熏切亦佳[④]。

---

① 筋：这里指蹄筋，其味道与猪爪同，可与虾子、笋片等其他食物搭配食用。

② 此法指现今的“油炮肚尖”，是将生肚尖先经滚油“滑溜”，至断生取出，加佐料略炒即好。食时脆而嫩，原为北方人做法，现广为南方人所运用。

③ 此法即现在的水煮“白肚”，当时用细盐蘸食，现都用熟酱油蘸食。

④ 此法即指酱肚。

【译】将猪肚洗干净，取最厚的部位，去掉上下皮，单用中心部分，切成骰子块大小；滚油急炒，加作料起锅，口感以极脆为佳。这是北方人的做法。南方人用白水加酒煨两炷香的工夫，以煨到极烂为度，蘸着清盐吃亦可；或者加鸡汤、佐料煨烂，做酱肚吃也很好。

猪肺二法

洗肺最难，以洌[1]尽肺管血水、剔去包衣为第一著。敲之，仆[2]之，挂之，倒之；抽管、割膜工夫最细。用酒水滚一日一夜，肺缩小如一片白芙蓉，浮于汤面。再加作料。上口如泥。汤西崖少宰[3]宴客，每碗四片，已用四肺矣。近人无此工夫，只得将肺拆碎，入鸡汤煨烂亦佳；得野鸡汤更妙，以清配清故也。用好火腿煨亦可。

【译】猪肺最难洗净，洗时须放尽肺管里的血水，剔去外面的薄膜最为重要。洗时要用各种方法，或敲，或拍，或挂起来，或倒一倒；其中抽管、割膜，需要的功夫最为细致。洗好后用酒水滚煮一日一夜，肺就缩小到像一片白芙蓉漂浮在汤面上。这时再加佐料，吃起来软烂如泥。汤西崖少宰请客有这道菜，每碗看起来只放了四片，其实已用四个肺了。现在的人无此工夫，只得将肺拆碎，加入鸡汤煨烂，也很好吃，如能有野鸡汤就更妙，这是清淡配清淡的缘故。用

---

① 洌：同“沥”，滴落之意。

② 仆：同“朴”，敲打。

③ 少宰：官名。当时对吏部侍郎的别称。

好火腿煨也可以。

猪腰

腰片，炒枯则木，炒嫩则令人生疑；不如煨烂，蘸椒盐食之为佳。或加作料亦可。只宜手摘，不宜刀切。但须一日工夫，才得如泥耳。此物只宜独用，断不可搀入别菜中，最能夺味而惹腥[①]。煨三刻则老，煨一日则嫩[②]。

【译】腰片，炒老了口感发柴，炒嫩了则让人觉得没做熟，都不如煨烂了蘸椒盐吃最好，或加其他佐料也可以。原料加工时要用手掐成块，不要用刀切。要煨一天的工夫，才能软烂如泥。猪腰只适合单独使用，万不可搀入别的菜中，因为它最能盖过别的菜味而使整个菜染上腥臊。猪腰煨三刻可能很老，但煨一天却可能很酥嫩。

猪里肉[③]

猪里肉精而且嫩，人多不食。尝在扬州谢蕴山太守席上食而甘之。云以里肉切片，用纤粉团成小把，入虾汤中，加香蕈、紫菜清煨，一熟便起[④]。

【译】猪里脊都是精肉而且鲜嫩，但许多人却不知道

① 惹腥：指腰子腥味较重，易染其他食材。

② 这指整爿腰子因刚受热，肉质紧缩，故挺硬，谓老；而煨一日则嫩，这里“嫩”实指酥。

③ 猪里肉：指猪里脊肉。

④ 此菜为“川肉片汤”。将肉切片后，用酒、精盐、芡粉拌和上浆，待鲜汤滚开后，放入锅内，略氽至断生即好。

怎么做更好吃。我曾在扬州谢蕴山太守宴席上吃到他家做的里脊肉，感到很甘美。人家告诉我做法是，把里脊肉切片，用芡粉团成小把，放进虾汤中，加香蕈、紫菜清煨，一熟便捞起。

白片肉

须自养之猪，宰后入锅，煮到八分熟，泡在汤中，一个时辰取起。将猪身上行动之处[①]，薄片上桌，不冷不热，以温为度。此是北人擅长之菜。南人效之，终不能佳。且零星市脯，亦难用也。寒士[②]请客，宁用燕窝，不用白片肉，以非多不可故也。割法须用小快刀片之，以肥瘦相参、横斜碎杂为佳，与圣人“割不正不食”一语截然相反。其猪身肉之名目甚多，满洲跳神肉[③]最妙。

【译】做白片肉必须是自家养的猪，宰杀后入锅煮到八分熟，再泡在汤中一个时辰，取出来。将前腿后腿肉切成薄片上桌，上桌时要不冷不热，以温为度。这是北方人擅长的做法。南方人照着做，却始终不能做到很好，并且从市场上买回来一点点肉，也很难做好白片肉。寒士请客，宁肯用燕窝也不用白片肉，就是因为做白片肉需要肉量很大的缘故。割肉时必须用小快刀来片，以肥瘦相参、横斜碎杂为佳，与

---

① 猪身上行动之处：指猪的前腿和后腿。这里制作白片肉，以后腿的坐臀肉为好。

② 寒士：魏晋南北朝时讲究门第，出身寒微的读书人被称为寒士，即贫苦的读书人。

③ 跳神肉：跳神为满洲之大礼，祭祀时人们将猪首至尾分别白煮，待祭礼毕，众人便席地而坐，以刀割肉自食，也叫吃片肉。

圣人“割不正不食”的话截然相反。用猪身肉做成的菜名目很多，满洲跳神肉最妙。

红煨肉三法

或用甜酱，或用秋油，或竟不用秋油、甜酱。每肉一斤，用盐三钱，纯酒煨之；亦有用水者，但须熬干水气。三种治法皆红如琥珀，不可加糖炒色。早起锅则黄，当可则红，过迟则红色变紫，而精肉转硬。尝起锅盖则油走，而味都在油中矣。大抵割肉虽方，以烂到不见锋棱、上口而精肉俱化为妙。全以火候为主。谚云：“紧火粥，慢火肉。”至哉言乎！

【译】做红煨肉或者用甜酱，或者用酱油，或者酱油、甜酱都不用。每肉一斤，用盐三钱，纯用酒煨熟；也有用水煨的，但必须熬干水分。三种方法做的红煨肉都色红如琥珀，因此不可再加糖炒制酱色（炒糖色）。起锅早肉颜色是黄的，刚好合适则是红的，过迟则红色变成紫色，而精肉也变得老硬。常揭锅盖就会走油，而味道都在油中啊。大概开始时肉都切成方块，最后以烂到看不见肉上的锋棱，并且精肉入口即化为妙。这道菜最主要的是要掌握好火候。谚语说：“紧火粥，慢火肉。”说得真是太对了！

白煨肉

每肉一斤，用白水煮八分好起出；去汤，用酒半斤、盐二钱半，煨一个时辰；用原汤一半加入滚干，汤腻为度；再加葱、椒、木耳、韭菜之类。火先武后文。又一法：每肉一斤，用糖一钱、酒半斤、水一斤、清酱半茶杯；先放酒，滚肉一二十次，加茴香一钱，放水闷烂，亦佳。

【译】每一斤肉，用白水煮到八成熟时，起出；去掉汤，加酒半斤、盐二钱半，煨一个时辰；再加入原来一半煮肉的汤烧滚，直到汤汁变腻为止；这时再加葱、椒、木耳、韭菜之类。先用武火，后用文火。还有一种方法：每一斤肉，用糖一钱、酒半斤、水一斤、清酱半茶杯。先放酒，把肉烧滚一二十次，加茴香一钱，再放水焖烂，也很好。

油灼肉

用硬短勒[1]切方块，去筋袢，酒酱郁过，入滚油中炮炙之，使肥者不腻，精者肉松；将起锅时，加葱、蒜，微加醋喷之。

【译】五花肉去掉筋袢，切成方块，用酒、酱腌一下，下入滚油中旺火急炒，这样可使肥肉不腻，瘦肉酥松；快起锅时，加葱、蒜，稍加点醋喷一下。

干锅蒸肉

用小磁钵，将肉切方块，加甜酒、秋油，装大钵内封口，放锅内，下用文火干蒸之。以两枝香为度，不用水。秋油与酒之多寡，相肉而行，以盖满肉面为度。

【译】把肉切成方块，加甜酒、酱油，装进小瓷钵，再

---

① 硬短勒：是位于猪大排骨以下，奶脯以上之五花肉。此肉肥瘦三层相隔，肥肉多，瘦肉少，适用于“走油肉”。

把小瓷钵装进大钵内，封上口，然后放进锅内，下面用文火干蒸，时间以燃尽两炷香为度。不用水，秋油与酒的多少，根据肉量来定，以盖满肉面为度。

盖碗装肉

放手炉上。法与前同。

【译】放在炉子上煮，方法与前面干锅蒸肉相同，只是用盖碗装肉，放手炉上干蒸。

磁坛装肉

放砻糠[①]中慢煨。法与前同。总须封口。

【译】把装好肉的瓷坛放在稻壳火灰中慢慢煨熟，方法与前面相同，一定要把坛口封好。

脱沙肉

去皮切碎，每一斤用鸡子三个，青黄俱用，调和拌肉，再斩碎；入秋油半酒杯、葱末拌匀，用网油一张裹之，外再用菜油四两煎两面，起出，去油；用好酒一茶杯、清酱半酒杯闷透，提起，切片。肉之面上加韭菜、香蕈、笋丁。

【译】猪肉去皮切碎，每一斤肉用三个鸡蛋，蛋清、蛋黄都用，打碎调和拌肉，再把肉斩得更碎；加半酒杯秋油、葱末拌匀，然后用一张网油把肉裹起来，再用四两菜油把肉两面煎一下，起出，不要油；加一茶杯好酒、半酒杯清酱焖透，拿出切片，肉上面加韭菜、香蕈、笋丁即可。

---

① 砻（lóng）糠：稻壳。砻，磨谷去壳之工具。

晒干肉

切薄片精肉，晒烈日中，以干为度。用陈大头菜，夹片干炒。

【译】把精肉切成薄片，在烈日中曝晒，晒干即可。吃时用陈大头菜和干肉一起干炒。

火腿煨肉

火腿切方块，冷水滚三次，去汤沥干；将肉切方块，冷水滚二次，去汤沥干。放清水煨，加酒四两，葱、椒、笋、香蕈。

【译】火腿切成方块，加入冷水中烧滚三次，去汤沥干；肉也切成方块，加入冷水烧滚两次，去汤沥干。然后把这两样一起放在清水里煨，加酒四两，另加葱、椒、笋、香蕈等。

台鲞煨肉[1]

法与火腿煨肉同。鲞易烂，须先煨肉至八分，再加鲞。凉之，则号鲞冻。绍兴人菜也。鲞不佳者不必用。

【译】方法与火腿煨肉相同。台鲞很容易烂，因此必须先把肉煨到八成熟，然后再加台鲞同煨。熟后晾凉，这就叫“鲞冻”。这是一道绍兴菜。不好的台鲞不要用。

粉蒸肉[2]

用精肥参半之肉，炒米粉黄色，拌面酱蒸之，下用白菜作垫。熟时不但肉美，菜亦美。以不见水，故味独全。江西

① 台鲞（xiǎng）：特指浙江台州出产的各类鱼干 。鲞，鱼干 ，腌鱼。

② 粉蒸肉：现有二种，一种肉粉拌后，扣在碗中上笼蒸，多数不放菜作垫；一种用荷叶包裹，上笼蒸之，清香味鲜。

人菜也。

【译】做粉蒸肉要用肥瘦参半的肉。把米粉炒成黄色，加上面酱和肉一起拌好，上笼屉蒸。肉下面可用白菜垫底。菜熟后不但肉的味道很美，白菜的味道也很香。因为是隔着水蒸，肉味没有流失，因而得以保全。这是一道江西菜。

熏煨肉

先用秋油、酒将肉煨好，带汁上木屑略熏之，不可太久，使干湿参半。香嫩异常。吴小谷广文家制之精极。

【译】先用酱油、酒将肉煨好，然后带汁用木屑略微熏一下，时间不要太长，见肉干湿参半即可。这道菜香嫩异常。吴小谷广文家做的最精致。

芙蓉肉[①]

精肉一斤切片，清酱拖过，风干一个时辰。用大虾肉四十个，猪油[②]二两，切骰子大，将虾肉放在猪肉上。一只虾，一块肉，敲扁，将滚水煮熟撩起。熬菜油半斤，将肉片放在有眼铜勺内，将滚油灌熟[③]。再用秋油半酒杯、酒一杯、鸡汤一茶杯，熬滚，浇肉片上，加蒸粉[④]、葱、椒糁上起锅。

---

① 芙蓉肉：杭州名菜，今仍有供应，但用料更精。是取用猪里脊肉做原料，还加熟火腿末等。

② 猪油：指生板油。

③ 灌熟：将烧至七八成的热油，用铜勺取起，反复淋浇在肉片和虾仁上，至虾仁、肉均呈玉白色为止。

④ 蒸粉：为绿豆经水磨沉淀、沥干之粉，它细嫩韧糯，是绿豆粉中最好的一种粉，作芡粉用。

【译】精肉一斤切成片，在清酱里拖一下，风干一个时辰。用大虾四十个，猪板油二两切成骰子大小，将虾肉放在猪肉上，一只虾一块肉，敲扁，下滚水中煮熟捞起。熬半斤菜油，将肉片放在铜漏勺内，用滚油浇淋，直到肉熟。再把半酒杯酱油、一杯酒、一茶杯鸡汤熬滚，浇在肉片上。最后在上面加蒸粉、葱、椒起锅。

荔枝肉①

用肉切大骨牌片，放白水煮二三十滚，撩起；熬菜油半斤，将肉放入炮透，撩起；用冷水一激，肉皱，撩起；放入锅内，用酒半斤、清酱一小杯、水半斤，煮烂。

【译】把肉切成大骨牌状的肉片，放进白水中煮二三十滚，捞起。半斤菜油熬热，放肉进去大火急炒，用冷水一激，肉变皱即捞起。肉再放回锅里，加酒半斤、清酱一小杯、水半斤煮烂。

八宝肉

用肉一斤，精、肥各半，白煮一二十滚，切柳叶片。小淡菜二两、鹰爪②二两、香蕈一两、花海蜇③二两、胡桃肉四

---

① 荔枝肉：原为江南名菜，今南北都有，但取料、制法已大不相同。现取用夹心肉去皮去肥，切成小块，经刀拍松，加鸡蛋打碎，加酒、干淀粉拌匀；然后入油锅炸至金黄香脆时，再入糖醋蕃茄卤汁中拌炒，口味外脆里嫩，酸甜味鲜。

② 鹰爪：茶叶名，古称嫩芽茶为鹰爪。古时煮肉加茶芽以增加清香味；近代除了制作“龙井虾仁”外，煮肉已不用嫩芽。

③ 花海蜇：指海蜇头，它生时似花，制干后状为许多小舌头。

个，去皮笋片四两、好火腿二两、麻油一两。将肉入锅，秋油、酒煨至五分熟，再加余物，海蜇下在最后。

【译】用肉一斤，肥瘦各一半，用白水煮一二十滚，切成柳叶片。准备小淡菜二两、鹰爪二两、香蕈一两、花海蜇二两、核桃肉四个、去皮笋片四两、好火腿二两、麻油一两。将切好的肉下锅，加酱油、酒煨至五成熟，再加上面备好的各种东西，海蜇要在最后下。

菜花头煨肉

用台心菜嫩蕊，微腌，晒干用之。

【译】把台心菜的嫩蕊稍微腌一下，晒干后用来和肉同煨。

炒肉丝

切细丝，去筋袢、皮、骨，用清酱、酒郁片时；用菜油熬起，白烟变青烟后，下肉炒匀，不停手；加蒸粉，醋一滴，糖一撮，葱白、韭、蒜之类。只炒半斤，大火不用水。又一法：用油炮后，用酱水加酒略煨，起锅红色，加韭菜尤香。

【译】猪肉去掉筋膜皮骨，切成细丝，用清酱、酒稍腌一会儿；熬热菜油，见油烟由白烟变青烟后，下肉炒均匀，注意炒时要不停手。然后加蒸粉、醋一滴、糖一撮、葱白、韭、蒜之类。每菜只炒半斤，需用旺火，不用水。还有一个方法：肉丝用油急炒后，用酱水加酒略微煨一会儿，起锅时肉呈红色，加一点韭菜味道尤其香。

炒肉片

将肉精、肥各半，切成薄片，清酱拌之。入锅油炒，闻响即加酱水、葱、瓜、冬笋、韭菜，起锅。火要猛烈。

【译】肥瘦肉各一半，切成薄片，用清酱拌一下。入锅用油炒，听到响声即刻加酱水、葱、瓜、冬笋、韭菜，然后起锅。做这道菜火要猛烈。

八宝肉圆

猪肉精、肥各半，斩成细酱，用松仁、香蕈、笋尖、荸荠、瓜姜之类，斩成细酱，加纤粉和捏成团，放入盘中，加甜酒、秋油蒸之。入口松脆。家致华云："肉圆宜切不宜斩。"必别有所见。

【译】猪肉肥瘦各一半，斩成肉酱，将松仁、香蕈、笋尖、荸荠、瓜姜之类，斩成细末，加芡粉和匀，捏成小丸子，放入盘中，加甜酒、酱油蒸好。入口松脆。家致华说："做丸子的肉宜切不宜斩。"想必他另有所见。

空心肉圆

将肉捶碎郁过，用冻猪油一小团作馅子，放在团内蒸之，则油流去，而团子空心矣。此法镇江人最善。

【译】把猪肉捣碎用调料腌好。用冻猪油一小团作馅料，包在肉里面，上锅蒸，这样猪油流走，而肉团子就变成空心的了。镇江人最善于用这个方法。

锅烧肉

煮熟不去皮，放麻油灼过，切块加盐，或蘸清酱，亦可。

【译】猪肉煮熟不去皮，放在热麻油里灼一下，然后切成小块，加盐吃，或者蘸清酱也可以。

酱肉

先微腌，用面酱酱之，或单用秋油拌郁，风干。

【译】肉先稍微腌一下，再用面酱酱上。或者只拌上酱油腌一下，然后风干。

糟肉

先微腌，再加米糟。

【译】先稍微腌一下，再加米糟糟透。

暴腌肉

微盐擦揉，三日内即用。

【译】把肉用一点点盐擦揉均匀，三日内即可食用。

以上三味，皆冬月菜也，春夏不宜。

【译】以上这三道菜（指酱肉、糟肉、暴腌肉），都适合在冬季吃，春夏不适合。

尹文端公家风肉

杀猪一口，斩成八块，每块炒盐[1]四钱，细细揉擦，使之无微不到。然后高挂有风无日处。偶有虫蚀，以香油涂之。

---

① 炒盐：在锅里炒过的盐。腌肉时，就用此盐反复揉搓鲜肉。

夏日取用，先放水中泡一宵再煮，水亦不可太多太少，以盖肉面为度。削片时，用快刀横切，不可顺肉丝而斩也。此物惟尹府至精，尝以进贡。今徐州风肉[①]不及，亦不知何故。

【译】杀猪一只，斩成八大块，每块用炒盐四钱仔仔细细揉擦一遍，一定要把各处都擦到。然后高挂在有风但不见太阳之处。偶尔有虫蛀蚀，用香油涂在蛀蚀的地方就可以了。到夏天取用时，要先放在水中泡一晚上再煮，水不可太多也不可太少，以盖过肉面为度。削片时，要用快刀横切，不可顺着肉丝斩切。这种风肉只有尹府做得特别精到，常进贡给皇帝。现在徐州风肉质量赶不上尹府，也不知是何缘故。

家乡肉[②]

杭州家乡肉，好丑不同。有上、中、下三等。大概淡而能鲜，精肉可横咬者为上品。放久即是好火腿。

【译】杭州家乡肉质量好坏不一样，有上、中、下三等，大概味淡却很鲜，瘦肉横着能嚼烂的为上品。这种家乡肉放得时间长了就是好火腿。

笋煨火肉

冬笋切方块，火肉切方块，同煨。火腿撤去盐水两遍，

① 徐州风肉：古时徐州风肉腌制不用硝，但皮色金黄，肉质鲜红、味香，曾闻名全国。

② 家乡肉：一种腌制肉品，始于浙江杭州、金华，因为这种肉肥瘦相称，咸淡适度，所以为人们所喜爱。家乡肉也有南北之分，长江以北产于如皋、泰兴、南通等地的为“北肉”；长江以南产于江浙两省的为“南肉”。故又名“家乡南肉”，以金华为最佳。

再入冰糖煨烂。席武山别驾[1]云："凡火肉煮好后，若留作次日吃者，须留原汤，待次日将火肉投入汤中滚热才好；若干放离汤，则风燥而肉枯，用白水，则又味淡。"

【译】冬笋切成方块，火腿肉也切成方块，同煨。为了降低火腿中的盐分，要换水两遍，然后再加入冰糖煨烂。席武山别驾说："凡是火腿肉煮好后，若是留作第二天吃，必须保留原汤，等第二天再将火腿肉放进原汤烧滚热，这样才好吃；如果离汤干放，经风干燥，肉就会失去水分，用白水加热，肉味也会变得很淡。"

烧小猪[2]

小猪一个，六七斤重者，钳毛去秽，叉上炭火炙之。要四面齐到，以深黄色为度。皮上慢慢以奶酥油涂之，屡涂屡炙。食时酥为上，脆次之，硬斯下矣。旗人[3]有单用酒、秋油蒸者，亦惟吾家龙文弟颇得其法。

【译】六七斤重的小猪一个，钳去猪毛去掉各种脏物，用叉子叉上在炭火上烤。四面都要烤到，以表皮呈深黄色为度。烤时皮上要用奶酥油慢慢涂抹，边抹边烤，油干了再抹。食时以酥为上，脆次之，发硬最差。旗人有只用酒、秋油蒸的，但也只有我家龙文弟颇得其法。

---

① 别驾：官名。

② 烧小猪：清朝满族人喜好的风味，即"烤乳猪"。

③ 旗人：清代对编入八旗的人称为旗人。旧时汉人一般也称满族人为"旗人"。

烧猪肉

凡烧猪肉，须耐性。先炙里面肉，使油膏走入皮内，则皮松脆而味不走；若先炙皮，则肉上之油尽落火上，皮既焦硬，味亦不佳。烧小猪亦然。

【译】凡做烧猪肉一定要有耐性，必须先烤里面的肉，使油膏进入皮里面，这样则皮松脆而香味不流失；如果先烤皮，则肉里面的油都落到了火上，就会皮焦肉硬，味道不佳。烧小猪也是这样。

排骨

取勒[①]条排骨精肥各半者，抽去当中直骨，以葱代之，炙，用醋、酱，频频刷上。不可太枯。

【译】取精肥各半的肋条排骨，抽去当中的直骨，用葱来代替，可以烤着吃。烤时刷上醋和酱，一边烤一边不断刷。不要烤得太枯干。

罗蓑肉

以作鸡松法作之。存盖面之皮，将皮下精肉斩成碎团，加作料烹熟。聂厨[②]能之。

【译】用做鸡松的方法做罗蓑肉。留下肉皮，将皮下面的精肉斩成小碎团，然后加佐料烹熟。姓聂的厨师擅长做这个菜。

---

① 勒：疑为“肋”。

② 聂厨：姓聂的厨师。

端州[1]三种肉

一罗蓑肉；一锅烧白肉，不加作料，以芝麻、盐拌之；切片煨好，以清酱拌之。三种俱宜于家常。端州聂、李二厨所作。特令杨二学之。

【译】一种是罗蓑肉；又一种是锅烧白肉，不加作料，只用芝麻、盐拌上即可；还有一种是切片煨好，用清酱拌之。三种肉都适宜家常食用。这几种肉为端州聂、李两位厨师创制。我特意让杨二去学习的。

杨公圆

杨明府[2]作肉圆，大如茶杯，细腻绝伦。汤尤鲜洁，入口如酥。大概去筋去节，斩之极细，肥瘦各半，用纤合匀。

【译】杨明府做的肉丸子大的跟茶杯一般，细腻无比。丸子汤尤其鲜美清洁，入口如酥。做法大概是，肉肥瘦各半，去筋去节，斩到极细，用芡和匀即可。

黄芽菜煨火腿

用好火腿，剥下外皮，去油存肉。先用鸡汤将皮煨酥，再将肉煨酥，放黄芽菜心，连根切段，约二寸许长；加蜜、酒娘及水连煨半日。上口甘鲜，肉菜俱化，而菜根及菜心，丝毫不散。汤亦美极。朝天宫道士法也。

---

① 端州：今广东肇庆地区，古时因端溪而得名。

② 明府：汉魏以来对太守、牧尹，皆称作明府。唐人则称县令为明府。

【译】选用好火腿，剥下外皮，去掉油留下肉。先用鸡汤将皮煨酥烂，再将肉煨酥烂，放连根切成约二寸许长的黄芽菜心小段，加蜜、酒酿及水，连续煨半日。这道菜口味甘鲜，肉和菜入口即化，但菜根及菜心却能够保持原来的形状，汤也鲜美异常。这是朝天宫道士的方法。

蜜火腿

取好火腿，连皮切大方块，用蜜酒煨极烂最佳。但火腿好丑、高低判若天渊。虽出金华、兰溪、义乌三处，而有名无实者多。其不佳者，反不如腌肉矣。惟杭州忠清里王三房家，四钱一斤者佳。余在尹文端公苏州公馆吃过一次，其香隔户便至，甘鲜异常。此后不能再遇此尤物[1]矣。

【译】选取好火腿，连皮切成大方块，用蜜酒煨到极烂最好。但火腿质量的好与坏有天壤之别。虽然都说产自金华、兰溪、义乌这三个地方，其实有名无实者居多。质量不好的火腿反而不如腌肉。只有杭州忠清里王三房家卖四钱一斤的火腿最好。我在尹文端先生苏州公馆吃过一次，香味隔着屋子便能闻到，甘鲜异常。之后再也不会遇到这么好吃的食物了。

① 尤物：突出的人物或珍贵的物品。

杂牲单

牛、羊、鹿三牲，非南人家常时有之物。然制法不可不知，作《杂牲单》。

【译】牛、羊、鹿三牲的肉，不是南方人家常有的食物，然而关于它们的做法却不可不知，因此写了《杂牲单》。

牛肉

买牛肉法：先下各铺定钱，凑取腿筋夹肉处[1]，不精不肥；然后带回家中，剔去皮膜，用三分酒、二分水清煨，极烂，再加秋油收汤。此太牢[2]独味孤行者也，不可加别物配搭。

【译】买牛肉的方法：先到各个肉铺预交定钱，专意凑取各处腿筋夹肉处的肉，主要是因为这个部位的肉不瘦不肥。买好肉带回家中，剔去皮膜，用三分酒、二分水清煨到极烂，再加酱油收汤。牛肉这个古代祭祀社稷的祭品，是一种只能单独烹制的孤行者，千万不可加别的东西配搭。

牛舌

牛舌最佳。去皮撕膜，切片，入肉中同煨。亦有冬腌风干者，隔年食之，极似好火腿。

【译】牛舌是牛身上最好的东西。做菜时去掉舌的皮

---

① 腿筋夹肉处：指前后腿之肉。

② 太牢：古代帝王、诸侯祭祀社稷时，牛、羊、猪三牲全备为太牢。以后专指牛。

膜，切成片加入肉中同煨。也有冬季腌后风干的，隔年再吃，味道特别像好的火腿。

羊头

羊头，毛要去净，如去不净，用火烧之。洗净切开，煮烂去骨。其口内老皮，俱要去净；将眼睛切成二块，去黑皮，眼珠不用，切成碎丁。取老肥母鸡汤煮之，加香蕈、笋丁，甜酒四两，秋油一杯。如吃辣，用小胡椒十二颗、葱花二十段。如吃酸，用好米醋一杯。

【译】羊头上的毛要去干净，如果无法去净，可用火烧。洗净后切开煮烂，去掉骨头，其口内的脏东西都要去干净；将眼睛切成两块，去掉黑皮，眼珠也不用。然后切成碎丁，用老母鸡汤煮，煮时加香蕈、笋丁、甜酒四两、酱油一杯。如果喜欢吃辣的，可同时加小胡椒十二颗、葱花二十段。如果喜欢吃酸的，可同时加好米醋一杯。

羊蹄

煨羊蹄照煨猪蹄法，分红、白二色。大抵用清酱者红，用盐者白。山药配之宜。

【译】煨煮羊蹄可参照煨煮猪蹄的方法，也分红、白二色烹制。大概加清酱煨的呈红色，加盐煨的呈白色。山药配着煨很适宜。

羊羹

取熟羊肉斩小块，如骰子大。鸡汤煨，加笋丁、香蕈丁、山药丁同煨。

【译】熟羊肉斩成如骰子般大的小块，加鸡汤煨，同时加笋丁、香蕈丁、山药丁。

羊肚羹

将羊肚洗净，煮烂切丝，用本汤煨之。加胡椒、醋俱可。北人炒法，南人不能如其脆。钱玙沙方伯家[1]锅烧羊肉极佳，将求其法。

【译】将羊肚洗净，煮烂后切成丝，再用原来煮羊肚的汤煨，加胡椒、醋都可以。这是北方人的做法，南方人不能做得像北方人那么脆。布政使钱玙沙家的锅烧羊肉特别好吃，我要去学习他的方法。

红煨羊肉

与红煨猪肉同。加刺眼核桃[2]，放入去羶。亦古法也。

【译】方法与红煨猪肉相同，锅中可加入钻了眼的核桃，这样可去掉羊肉的羶味。这个也是古人的方法。

炒羊肉丝

与炒猪肉丝同。可以用纤，愈细愈佳。葱丝拌之。

【译】方法与炒猪肉丝相同，可以用芡。肉丝切得越细越佳，须用葱丝调拌。

---

① 方伯：明清时对布政使的称呼。泛称地方长官。

② 刺眼核桃：把核桃钻上洞。

烧羊肉

羊肉切大块，重五七斤者，铁叉火上烧之。味果甘脆，宜惹宋仁宗[①]夜半之思也。

【译】羊肉切成重五斤到七斤的大块，用铁叉叉上在火上烧烤。味道果然十分鲜脆，怪不得惹得宋仁宗夜半都想吃。

全羊

全羊法[②]有七十二种，可吃者，不过十八九种而已。此屠龙之技[③]，家厨难学。一盘一碗，虽全是羊肉，而味各不同才好。

【译】用全羊的原料做的菜有七十二种之多，但一般人能吃到的，也不过十八九种而已。做全羊属于高超的技术，一般家里的厨师很难学好。全羊菜虽然每盘每碗用的原料都是羊肉，味道却各不相同，那才真是好厨艺。

鹿肉

鹿肉不可轻得。得而制之，其嫩鲜在獐肉之上。烧食可，煨食亦可。

【译】鹿肉较难轻易获得，能得到又能烹制好，比獐肉还鲜嫩。可以烧烤吃，也可以煨炖吃。

① 宋仁宗：即赵祯，北宋皇帝。《宋史·仁宗本纪》：“（仁宗）宫中夜饥，思膳烧羊。”

② 全羊法：指整只羊各部位的选用和烹调方法。

③ 屠龙之技：原出《庄子·列御冠》，后称高超技艺为屠龙之技。

鹿筋二法

鹿筋难烂。须三日前先捶煮之，绞出臊水数遍，加肉汁汤煨之，再用鸡汁汤煨；加秋油、酒，微纤收汤。不搀他物，便成白色，用盘盛之。如兼用火腿、冬笋、香蕈同煨，便成红色，不收汤，以碗盛之。白色者，加花椒细末。

【译】鹿筋很难煮烂，做菜前三天就必须先捶松然后再煮，煮过好多遍，除尽鹿筋的臊味。先加肉汁汤煨，再用鸡汁汤煨；最后加酱油、酒和一点芡收汤。如果不掺其他东西，鹿筋便呈白色，用盘子盛起来。如果加火腿、冬笋、香蕈同煨，鹿筋便呈红色，不要收汤，用碗盛起来。白色鹿筋可加花椒细末。

獐[1]肉

制獐肉，与制牛、鹿同。可以作脯。不如鹿肉之活，而细腻过之。

【译】做獐肉与做牛肉、鹿肉的方法相同。獐肉还可以做成肉脯。獐肉不如鹿肉鲜嫩，但比鹿肉细腻。

果子狸

果子狸，鲜者难得。其腌干者，用蜜、酒娘蒸熟，快刀切片上桌。先用米泔水泡一日，去尽盐秽。较火腿觉嫩而肥。

【译】新鲜的果子狸肉较难得到。对于腌制后的干果子狸肉，可用蜜、酒酿蒸熟，快刀切片上桌。制作前要先用

① 獐：亦称“河麂”“牙獐”。像鹿，比鹿小，头上无角。

米泔水浸泡一天，去净干肉里面的盐分和脏东西。与火腿比较，我觉得果子狸肉更肥嫩。

假牛乳

用鸡蛋清拌蜜、酒娘，打掇入化[①]，上锅蒸之。以嫩腻为主。火候迟便老，蛋清太多亦老。

【译】在鸡蛋清里调拌进蜜、酒酿，不停搅动，使它们融为一体，上锅蒸。这个菜以嫩腻为主，蒸的时间长了就老，蛋清太多也会老。

鹿尾

尹文端公品味，以鹿尾为第一。然南方人不能尝得。从北京来者，又苦不鲜新。余尝得极大者，用菜叶包而蒸之，味果不同。其最佳处，在尾上[②]一道浆[③]耳。

【译】尹文端先生品评食物，认为鹿尾是第一美食。但南方人不能经常得到这个东西。从北京来的，又苦于不新鲜。我曾经得到过特别大的鹿尾，用菜叶包起来蒸，吃后感觉味道果然与众不同。最好吃的地方，就是鹿尾上端的一道浆。

---

① 打掇（duō）入化：即搅动，使之融为一体。

② 尾上：鹿尾分上端和下端，上端皮下脂肪浓厚。

③ 一道浆：即指此处。

羽族单

鸡功最巨，诸菜赖之。如善人积阴德而人不知。故令领羽族之首，而以他禽附之。作《羽族单》。

【译】鸡的功劳最大，很多菜都有赖于它，但好多人不这么认为。这就好比善人私底下做好事别人都不知道。所以我把它作为家禽类的重点加以介绍，其他禽类只是附带。写了《羽族单》。

白片鸡

肥鸡白片①，自是太羹、元酒之味②。尤宜于下乡村，入旅店，烹饪不及之时，最为省便。煮时水不可多。

【译】肥鸡胸脯肉，本来就是像肉汁净水一样的自然本味，尤其是在农村乡下，入住旅店来不及烹饪其他菜肴时，此菜（只须煮一下）最为方便。煮的时候水不可放得太多。

鸡松

肥鸡一只，用两腿，去筋骨剁碎。不可伤皮。用鸡蛋清、粉纤③、松子肉同剁成块。如腿不敷用，添脯子肉，切成方块。用香油灼黄，起放钵头内，加百花酒半斤、秋油一大杯、鸡油一铁勺，加冬笋、香蕈、姜、葱等；将所余鸡骨皮盖面，加水一大碗，下蒸笼蒸透，临吃去之。

---

① 鸡白片：指熟鸡的白脯肉。

② 太羹、元酒之味：指本味。太羹，即大羹，指不和五味的肉汁。元酒是指洁净之水。

③ 纤：同“芡”。

【译】准备肥鸡一只，但只用两腿的肉，去掉筋骨，剁碎。不要弄破鸡皮。剁鸡腿肉时加鸡蛋清、粉芡、松子肉同剁成块。如果腿肉不够用，添加一些鸡脯肉，也切成方块。以上原料先用香油炸黄，然后起锅放在钵头内，加百花酒半斤、酱油一大杯、鸡油一铁勺，另加冬笋、香蕈、姜、葱等；再将前面余下的鸡骨鸡皮盖在上面，加水一大碗，放在蒸笼里蒸透，临吃时去掉鸡骨鸡皮。

生炮鸡[①]

小雏鸡斩小方块，秋油、酒拌；临吃时，拿起放滚油内灼[②]之，起锅又灼，连灼三回，盛起；用醋、酒、粉纤、葱花喷之。

【译】把小雏鸡斩成小方块，用酱油、酒拌好。临吃的时候，把鸡块放进滚油里炸，起锅后再炸，连炸三回盛起来；加进醋、酒、粉芡，撒上葱花。

鸡粥

肥母鸡一只，用刀将两脯肉去皮、细刮，或用刨刀亦可。只可刮刨，不可斩，斩之便不腻矣。再用余鸡熬汤，下之。吃时加细米粉、火腿屑、松子肉，共敲碎放汤内。起锅时，放葱、姜，浇鸡油，或去渣，或存渣俱可。宜于老人。大概斩碎者去渣，刮刨者不去渣。

---

① 生炮鸡：即现在的“炸子鸡”。

② 灼：油炸的意思。

【译】选肥母鸡一只，用刀将两块胸脯肉去皮，细刮成肉茸，或者用刨刀刨也可以。这里只可刮刨，不可斩剁，斩剁的就不细腻了。再把剩余的鸡肉鸡骨熬成汤，下鸡肉茸，吃时，再加细米粉、火腿屑、松子肉，都敲成碎末放进汤里。起锅时，放葱、姜，浇上鸡油即可，或者去掉渣子，或留着渣子都可以。鸡粥宜于老人食用。大概斩碎的要去渣，刮刨的不用去渣。

焦鸡

肥母鸡洗净，整下锅煮，用猪油四两、茴香四个，煮成八分熟；再拿香油灼黄，还下原汤熬浓，用秋油、酒、整葱收起。临上片碎，并将原卤浇之，或拌蘸亦可。此杨中丞家法也。方辅兄家亦好。

【译】肥母鸡洗净，整只下锅煮，煮时加猪油四两、茴香四个，煮到八成熟即可。再拿香油炸黄，还下到原汤里熬，到汤浓时加酱油、酒、整葱收起。临上桌时把肉片成片，并浇上原卤，或者拌上蘸其他调料吃也可以。这是杨中丞家的方法，方辅兄家的制作也很好。

捶鸡

将整鸡捶碎，秋油、酒煮之。南京高南昌太守家制之最精。

【译】将整只鸡捶碎，加上酱油、酒煮熟。南京高南昌太守家制作的捶鸡最好。

炒鸡片

用鸡脯肉，去皮，斩成薄片；用豆粉、麻油、秋油拌之，纤粉调之，鸡蛋清拌；临下锅加酱、瓜、姜、葱花末。须用极旺之火炒。一盘不过四两，火气才透。

【译】选用鸡胸脯肉，去皮，斩成薄片。先用豆粉、麻油、酱油拌一下，再用芡粉调和，最后加鸡蛋清拌匀。临下锅时加酱、瓜、姜、葱花末。必须用极旺的火炒。一盘不能超过四两，这样鸡片才能炒透。

蒸小鸡

用小嫩鸡雏，整放盘中，上加秋油、甜酒、香蕈、笋尖，饭锅上蒸之。

【译】选用小嫩鸡雏，整只放在盘中，上面加酱油、甜酒、香蕈、笋尖，在饭锅上蒸熟。

酱鸡

生鸡一只，用清酱浸一昼夜而风干之。此三冬菜[①]也。

【译】生鸡一只，用清酱浸泡一昼夜，然后风干。这是冬季吃的菜。

鸡丁

取鸡脯子，切骰子小块，入滚油炮[②]炒之，用秋油、酒

① 三冬菜：指冬季的时令菜。三冬，冬季，亦指冬季的第三个月。

② 炮（bāo）：一种烹调方法，在旺火上急炒，即把鸡肉等物用油在急火上炒熟。

收起，加荸荠丁、笋丁、香蕈丁拌之。汤以黑色为佳[①]。

【译】选取鸡胸脯肉，切成骰子一样的小块，入滚油急炒，加入酱油、酒收汁，再加荸荠丁、笋丁、香蕈丁拌炒。汤汁以黑色的为好。

鸡圆

斩鸡脯子肉为圆，如酒杯大，鲜嫩如虾圆。扬州臧八太爷家制之最精。法用猪油、萝卜、纤粉揉成，不可放馅。

【译】斩剁鸡胸脯肉，做成如酒杯大小的圆子，其鲜嫩如同虾圆。扬州臧八太爷家做的鸡圆最好吃。方法是，鸡肉加猪油、萝卜、芡粉揉成圆子，里面不可放馅。

蘑菇煨鸡

口蘑菇四两，开水泡去砂，用冷水漂、牙刷擦，再用清水漂四次。用菜油二两炮透，加酒喷。将鸡斩块放锅内，滚去沫，下甜酒、清酱，煨八分功程，下蘑菇，再煨二分功程，加笋、葱、椒起锅。不用水，加冰糖三钱。

【译】口蘑菇四两，先用开水泡软去掉沙子，再用冷水漂、牙刷擦，再换清水漂，如此四次。洗净后用菜油二两急炒炒透，上面喷点酒。将鸡斩成块放进锅内滚烧，撇去血沫，下甜酒、清酱，煨到八分熟，然后下蘑菇煨熟，加笋、葱、花椒起锅。煨时不用水，可加冰糖三钱。

---

① 炒鸡丁现南北盛行，原有红酱和白色两种。现盛行白汁为佳，它只取用鸡丁和笋丁或花生等任何一物炒之，不加香菇丁等物，黑色之汤已无。

梨炒鸡[1]

取雏鸡胸肉切片，先用猪油三两熬熟，炒三四次，加麻油一瓢，纤粉、盐花、姜汁、花椒末各一茶匙，再加雪梨薄片、香蕈小块，炒三四次起锅，盛五寸盘。

【译】选取雏鸡胸脯肉切成片，先把猪油三两熬熟，加入鸡片炒三四次，然后加麻油一瓢，芡粉、盐花、姜汁、花椒末各一茶匙，再加雪梨薄片、香蕈小块，再炒三四次起锅，盛到五寸盘里。

假野鸡卷

将脯子斩碎，用鸡子一个，调清酱郁[2]之；将网油划碎，分包小包，油里炮透，再加清酱、酒作料，香蕈、木耳起锅，加糖一撮。

【译】将鸡胸脯肉斩碎，用鸡蛋一个，调拌清酱腌一下。把网油划成小片，把鸡肉馅包成小包，放进油里炒透，再加清酱、酒等作料，还有香蕈、木耳，起锅时加一撮糖。

黄芽菜炒鸡

将鸡切块，起油锅生炒透，酒滚二三十次，加秋油后滚二三十次，下水滚。将菜切块，俟鸡有七分熟，将菜下锅；再滚三分，加糖、葱、大料。其菜要另滚熟搀用。每一只用油四两。

---

① 即今杭州“鸭梨炒鸡片”。

② 郁：这里为稍加腌淋之意。

【译】把鸡切成块，起油锅投入生鸡块炒透，加酒烧滚二三十次，加酱油后滚二三十次，加水再滚。黄芽菜也切成块，等鸡有七成熟时，将菜下锅，再烧滚直到全熟，最后加糖、葱等各种作料。黄芽菜要另外滚熟才能掺进鸡块里。每一只鸡用油四两。

栗子炒鸡

鸡斩块，用菜油二两炮，加酒一饭碗、秋油一小杯、水一饭碗，煨七分熟。先将栗子煮熟，同笋下之，再煨三分起锅，下糖一撮。

【译】把鸡斩成块，用菜油二两急炒，加酒一饭碗、秋油一小杯、水一饭碗，煨到七成熟。事先将栗子煮熟，同笋一起下到鸡块里，再煨到菜熟，起锅时加一撮糖。

灼八块

嫩鸡一只，斩八块，滚油炮透，去油，加清酱一杯、酒半斤，煨熟便起。不用水，用武火。

【译】嫩鸡一只，斩成八块，用滚油急炒炒透，去油，加清酱一杯、酒半斤，煨熟即起锅。做这个菜不用水，火要猛。

珍珠团

熟鸡脯子，切黄豆大块，清酱、酒拌匀，用干面滚满，入锅炒。炒用素油。

【译】熟鸡胸脯肉，切成黄豆一样的小粒，加清酱、酒拌匀，在干面里滚一下，使肉粒上都沾上面，然后入锅炒。

炒时要用素油。

黄芪蒸鸡治瘵[①]

取童鸡未曾生蛋者杀之，不见水，取出肚脏，塞黄芪一两，架箸放锅内蒸之。四面封口，熟时取出。卤浓而鲜，可疗弱症。

【译】选取没有下过蛋的童子鸡，宰杀，不要见水，取出肚脏，塞进一两黄芪，锅里放上筷子，鸡就架在筷子上蒸。锅的四面要封严实，熟时取出。卤汁浓厚鲜美，可治疗弱症。

卤鸡

囫囵鸡一只，肚内塞葱三十条、茴香二钱，用酒一斤、秋油一小杯半，先滚一枝香，加水一斤、脂油二两，一齐同煨。待鸡熟取出脂油。水要用熟水，收浓卤一饭碗才取起，或拆碎，或薄刀片之，仍以原卤拌食。

【译】整鸡一只，肚子里塞进葱三十条、茴香二钱，加酒一斤、酱油一小杯半，先烧滚一炷香的时间，再加水一斤、脂油二两，一齐同煨。等鸡熟后取出脂油。水要用熟水，看到浓卤收到剩下一饭碗时才把鸡取出来，或者拆碎，或者用薄刀削成片，仍旧拌着原卤吃。

蒋鸡

童子鸡一只，用盐四钱，酱油一匙，老酒半茶杯，姜三

① 瘵（zhài）：多指痨病。五脏之气，有一损伤，积久成痨，甚而为瘵。

大片，放砂锅内隔水蒸烂，去骨。不用水。蒋御史[①]家法也。

【译】童子鸡一只，用盐四钱，酱油一匙，老酒半茶杯，姜三大片，放在砂锅内隔水蒸烂，去掉骨头。（因为是隔水蒸，因此）不用水。这是蒋御史家的做法。

唐鸡

鸡一只，或二斤，或三斤。如用二斤者，用酒一饭碗，水三饭碗，用三斤者，酌添。先将鸡切块，用菜油二两，候滚熟，爆鸡要透。先用酒滚一二十滚，再下水约二三百滚；用秋油一酒杯；起锅时，加白糖一钱。唐静涵家法也。

【译】鸡一只，或者二斤的，或者三斤的。如果用二斤的，用酒一饭碗，水三饭碗；用三斤的，酌量添酒和水。先把鸡切成块，用菜油二两，等油滚热时下入鸡块爆炒透。然后先用酒烧一二十滚，再加水烧二三百滚，最后加酱油一酒杯。起锅时，加白糖一钱。这是唐静涵家的做法。

鸡肝

用酒、醋喷炒，以嫩为贵。

【译】炒鸡肝时喷进酒、醋，爆炒，炒得要嫩。

鸡血

取鸡血为条，加鸡汤、酱、醋、索粉[②]作羹，宜于老人。

---

① 蒋御史：即蒋士铨（公元1725—1784年），字心馀、苕生、蕖生，号藏园，又号清容居士，晚号定甫。清代戏曲家，文学家。江西铅山（今属江西）人。其诗与袁枚、赵翼合称“江右三大家”。

② 索粉：是以绿豆粉或其他豆粉制成细条或丝状食物。

【译】把熟鸡血切成条，加鸡汤、酱、醋、粉丝做成羹汤。适合老人吃。

鸡丝

拆鸡为丝，秋油、芥末、醋拌之。此杭州菜也。加笋、加芹俱可；用笋丝、秋油、酒炒之亦可。拌者，用熟鸡；炒者，用生鸡。

【译】把鸡肉撕成丝，加酱油、芥末、醋拌食。这是杭州菜。加笋、加芹菜都可以；用笋丝、酱油、酒炒鸡丝也可以。拌食，要用熟鸡；炒食，用的是生鸡。

糟鸡

糟鸡法，与糟肉同。

【译】糟鸡与糟肉的方法相同。

鸡肾

取鸡肾三十个，煮微熟，去皮，用鸡汤加作料煨之。鲜嫩绝伦。

【译】用好的鸡肾三十个，煮得稍微有点熟，去皮，再用鸡汤加作料煨熟。这个菜异常鲜嫩。

鸡蛋

鸡蛋去壳，放碗中，将竹箸打一千回，蒸之绝嫩。凡蛋一煮而老，一千煮而反嫩[①]。加茶叶煮者，以两炷香为度。

① 鸡蛋鲜嫩之物，入锅略煮后，即水分溢出，皮肉紧缩便成老；而经过久煮便成酥，吃口似嫩，旧时称酥也谓嫩。

蛋一百，用盐一两；五十，用盐五钱。加酱煨亦可。其他则或煎、或炒俱可。斩碎黄雀蒸之，亦佳。

【译】鸡蛋去壳，放在碗中，用竹筷子搅打一千回，蒸的蛋羹鲜嫩无比。鸡蛋一煮就显老，煮的时间长一点反而更加酥嫩。加茶叶煮茶叶蛋，以两炷香燃尽时间为度，一百个鸡蛋，用盐一两；五十个鸡蛋，用盐五钱。加酱煨也可以。其他做法则或煎或炒都可以。黄雀肉斩碎和鸡蛋一起蒸也很好吃。

野鸡五法

野鸡披胸肉，清酱郁过，以网油包，放铁奁[①]上烧之，作方片可，作卷子亦可，此一法也。切片加作料炒，一法也；取胸肉作丁，一法也；尝家鸡整煨，一法也；先用油灼，拆丝加酒、秋油、醋，同芹菜冷拌，一法也。生片其肉，入火锅中，登时便吃，亦一法也。其弊在肉嫩则味不入，味入则肉又老。

【译】取野鸡胸脯肉，用清酱腌过，用网油包上，放在铁奁上烧烤，可以做成方片，也可以做成卷子，这是一种方法。野鸡肉切片加作料炒，是一种方法。取野鸡胸脯肉切成丁，是一种方法。像做家鸡一样，把整只野鸡放在锅里煨，是一种方法。先用油炸，再撕成鸡丝，加酒、酱油、醋，同芹菜一块凉拌，是一种方法。生鸡肉切成片，放进火锅中，当时就吃，也是一种方法。这种吃法的不足之处在于肉嫩了

① 铁奁（lián）：铁制的盛放用品的器具。

味道进不去，味道进去了肉又老了。

赤炖肉鸡

赤炖肉鸡，洗切净，每一斤用好酒十二两、盐二钱五分、冰糖四钱，研酌加桂皮，同入砂锅中，文炭火煨之；倘酒将干，鸡肉尚未烂，每斤酌加清开水一茶杯。

【译】赤炖肉鸡的做法是，肉鸡洗干净切好，每一斤鸡肉用好酒十二两、盐二钱五分、冰糖四钱，再酌量加点桂皮末，一同放入砂锅中，用文炭火煨炖。如果酒快干了，鸡肉还没有烂，每斤可酌量加一茶杯清开水。

蘑菇煨鸡

鸡肉一斤，甜酒一斤，盐三钱，冰糖四钱，蘑菇用新鲜不霉者，文火煨二枝线香为度。不可用水。先煨鸡八分熟，再下蘑菇。

【译】鸡肉一斤，加甜酒一斤、盐三钱、冰糖四钱，蘑菇用新鲜没有发霉的，用文火煨两炷线香的工夫。不可用水。须先把鸡肉煨到八成熟，再下蘑菇同煨。

鸽子

鸽子加好火腿同煨，甚佳。不用火肉，亦可。

【译】鸽子肉加上好火腿同煨很好吃。不用火腿肉也可以。

鸽蛋

煨鸽蛋法，与煨鸡肾同。或煎食亦可，加微醋亦可。

【译】煨鸽蛋的方法与煨鸡肾相同，或者煎鸽蛋吃也可以，加一点点醋也可以。

野鸭

野鸭切厚片，秋油郁过，用两片雪梨夹住，炮炽[1]之。苏州包道台家制法最精，今失传矣。用蒸家鸭法蒸之，亦可。

【译】野鸭肉切成厚片，酱油腌过之后，用两片雪梨夹住野鸭片，反复炮制（烘烤）。苏州包道台家的做法最为精到，可惜现在已经失传了。用蒸家鸭的方法蒸野鸭也可以。

蒸鸭[2]

生肥鸭去骨，内用糯米一酒杯、火腿丁、大头菜丁、香蕈、笋丁、秋油、酒、小磨麻油、葱花，俱灌鸭肚内；外用鸡汤，放盘中，隔水蒸透。此真定[3]魏太守家法也。

【译】生肥鸭去掉骨头。糯米一酒杯、火腿丁、大头菜丁、香蕈、笋丁、酱油、酒、小磨麻油、葱花，全都灌进鸭肚子里面。然后把整只鸭子浸在鸡汤中装盘，隔水蒸透。这是真定魏太守家的做法。

鸭糊涂

用肥鸭白煮八分熟，冷定去骨，拆成天然不方不圆之块，下原汤内煨，加盐三钱、酒半斤，捶碎山药，同下锅作纤。临煨烂时，再加姜末、香蕈、葱花。如要浓汤，加放粉

① 炮炽：即反复炮制。

② 蒸鸭：同现在的“拆骨八宝鸭”。

③ 真定：今河北正定。

纤。以芋代山药亦妙。

【译】把肥鸭用白水煮到八成熟，晾凉后去掉骨头，折成不方不圆的自然块，再下到原汤里煨。煨时加盐三钱、酒半斤，捶碎的山药也同时下到锅里作为芡料。临煨烂时，再加姜末、香蕈、葱花。如果想要汤浓一些，再加放一些芡粉。用芋薯代替山药也很好吃。

卤鸭

不用水，用酒煮。鸭去骨，加作料食之。高要[1]令杨公家法也。

【译】不用水，只用酒煮。煮熟后去掉鸭骨头，拌上佐料食用。这是高要县令杨公家的做法。

鸭脯

用肥鸭斩大方块，用酒半斤、秋油一杯，笋、香蕈、葱花焖之，收卤起锅。

【译】把肥鸭斩成大方块，加酒半斤、酱油一杯、笋、香蕈、葱花在锅里慢慢焖熟，最后收干卤汁起锅。

烧鸭[2]

用雏鸭，上叉烧之。冯观察[3]家厨最精。

【译】把雏鸭叉在叉子上烧烤。冯观察家厨子做得最为

① 高要：即今广东高要。

② 烧鸭：即现在的“烤鸭”。

③ 观察：唐代于不设节度使的区域设观察使，简称“观察”，为州以上的长官。宋代观察使实为虚衔。清代泛作对道员的尊称。

精到。

挂卤鸭

塞葱鸭腹，盖闷而烧。水西门许店最精，家中不能作。有黄、黑二色，黄者更妙。

【译】把葱塞进鸭肚里，盖上锅盖慢慢闷烧。水西门许店做得最好。一般人家中做不出那种味道。有黄、黑两种颜色，黄色的更好吃。

干蒸鸭

杭州商人何星举家干蒸鸭。将肥鸭一只洗净，斩八块，加甜酒、秋油，淹满鸭面，放磁罐中，封好，置干锅中蒸之。用文炭火，不用水。临上时，其精肉皆烂如泥。以线香二枝为度。

【译】杭州商人何星举家干蒸鸭的做法是，将肥鸭一只洗净，斩成八大块，放进瓷罐中，加甜酒、酱油，甜酒、酱油要没过鸭子，封好，然后在干锅中蒸。要用文炭火，不用水。临上桌时，鸭子的瘦肉都已软烂如泥。干蒸的时间以燃尽二炷线香为度。

野鸭团

细斩野鸭胸前肉，加猪油、微纤，调揉成团，入鸡汤滚之。或用本鸭汤亦佳。太兴[1]孔亲家制之甚精。

【译】细细斩切野鸭胸前肉，加猪油和一点点芡粉调揉

① 太兴：今江苏太兴。

成团，在鸡汤里滚熟；或者直接用煮鸭子的汤也很好。太兴孔亲家做的野鸭团很是好吃。

徐鸭[1]

顶大鲜鸭一只，用百花酒十二两、青盐一两二钱，滚水一汤碗冲化去渣末，再换冷水七饭碗，鲜姜四厚片，约重一两，同入大瓦盖钵内，将皮纸封固口；用大火笼烧透大炭吉[2]三元，约二文一个。外用套包一个，将火笼罩定，不可令其走气。约早点时炖起，至晚方好。速则恐其不透，味便不佳矣。其炭吉烧透后，不宜更换瓦钵，亦不宜预先开看。鸭破开时，将清水洗后，用洁净无浆布拭干入钵。

【译】选取特别大的一只鲜鸭，准备百花酒十二两、青盐一两二钱，盐用滚开水一汤碗冲化，去掉渣子碎末，再换成冷水七饭碗，鲜姜四厚片，约重一两。以上原料也一同加入钵内，用皮纸将钵口封严实。瓦盖钵放在大火笼上，烧完约二文一个的大炭吉三元。外面用套包一个，把火笼罩住，不要让热气跑掉。大约吃早饭时开始炖，到晚上才能炖好。炖的时间短恐怕炖不透，味道便会不好。炭吉烧完后，不要更换瓦钵，也不要预先打开察看。熟鸭破开后，用清水洗干净，然后用洁净无浆布擦干，放入大瓦盖钵内。

① 徐鸭：同现在苏州的“母油全鸭”。

② 炭吉：一种燃料。

煨麻雀

取麻雀五十只，以清酱、甜酒煨之；熟后去爪脚，单取雀胸头肉，连汤放盘中，甘鲜异常。其他鸟鹊俱可类推。但鲜者一时难得。薛生白尝劝人："勿食人间豢养之物。"以野禽味鲜，且易消化。

【译】取麻雀五十只，用清酱、甜酒煨熟后去掉脚爪，只要胸脯肉，连汤一起放在盘中吃，甘鲜异常。其他鸟鹊也可依此类推，只是新鲜的一时难以得到。薛生白常劝人们不要吃人们饲养的家禽家畜。因为野禽味道更鲜，并且容易消化。

煨鹌鹑、黄雀

鹌鹑用六合[1]来者最佳。有现成制好者。黄雀用苏州糟，加蜜酒煨烂，下作料与煨麻雀同。苏州沈观察煨黄雀，并骨如泥，不知作何制法。炒鱼片亦精。其厨馔之精，合吴门[2]推为第一。

【译】鹌鹑用六合出产的最好，那里有现成制好的。黄雀要用苏州产的米糟加上蜜酒煨烂，下的作料与煨麻雀相同。苏州沈观察做的煨黄雀，连骨头都煨得像泥一样酥烂，不知道是怎么做的。他家的炒鱼片也很精到。他家厨房饭菜的精美，在整个苏州应当推为第一名。

---

① 六合：县名，在江苏南京之北，邻接安徽省。

② 吴门：今江苏苏州市。

云林鹅

倪《云林[1]集》中载制鹅法：整鹅一只，洗净后，用盐三钱擦其腹内，塞葱一帚[2]，填实其中，外将蜜拌酒通身满涂之；锅中一大碗酒、一大碗水蒸之；用竹箸架之，不使鹅身近水。灶内用山茅二束，缓缓烧尽为度；俟锅盖冷后，揭开锅盖，将鹅翻身，仍将锅盖封好蒸之；再用茅柴一束，烧尽为度。柴俟其自尽，不可挑拨。锅盖用绵纸糊封，逼燥裂缝，以水润之。起锅时，不但鹅烂如泥，汤亦鲜美。以此法制鸭，味美亦同。每茅柴一束，重一斤八两。擦盐时，搀入葱、椒末子，以酒和匀。《云林集》中载食品甚多。只此一法，试之颇效，余俱附会。

【译】元朝倪瓒《云林集》中记载有制鹅的方法：全鹅一只，洗净后，用三钱盐涂抹鹅的腹内，再塞一把葱，把鹅肚子填满，外面用蜜拌和的酒涂满鹅的全身。锅中放一大碗酒、一大碗水蒸鹅，蒸时用竹筷子把鹅架起来，不要使鹅身沾上水。炉灶内用山茅两束，慢慢烧完为止；等锅盖冷后，揭开锅盖，将鹅翻个身，把锅盖封好再蒸；炉灶内再用茅柴一束，还以烧完为度。要让柴草自己慢慢燃尽，不可人为挑拨。锅盖要用绵纸糊封好，如果干燥裂缝，则洒点水保持湿

---

① 云林：倪云林（公元1306—1374年），元朝画家，名瓒，号云林。擅画山水，与黄公望、吴镇、王蒙齐名，有“元四家”之称。由于倪云林善制烧鹅，且用料与烹调方法独特，因而称为“云林鹅”。

② 一帚：一小把。

度。起锅时，不但鹅烂如泥，汤也很鲜美。用这个法子做鸭子，味道一样鲜美。每一束茅柴，重一斤八两。鹅肚子里抹盐时，可掺入葱、椒粉末，以酒和匀即可。《云林集》中记载的食品很多。只有这个方法做起来颇为有效，其余的都属于牵强附会。

烧鹅

杭州烧鹅，为人所笑，以其生也。不如家厨自烧为妙。

【译】杭州的烧鹅常被人嘲笑，因为没做熟，还不如自己家的厨子做得好。

水族有鳞单

鱼皆去鳞，惟鲥鱼不去。我道有鳞而鱼形始全。作《水族有鳞单》。

【译】做鱼时都要去掉鱼鳞，只有鲥鱼不用去鳞。我认为有鳞，鱼的形态才全整。因此写了《水族有鳞单》。

边鱼

边鱼活者，加酒、秋油蒸之。玉色为度。一作呆白色，则肉老而味变矣。并须盖好，不可受锅盖上之水气。临起加香蕈、笋尖。或用酒煎亦佳。用酒不用水，号“假鲥鱼”。

【译】选活的边鱼，加酒、酱油上锅蒸，蒸到颜色变为玉色为好。一旦变成呆白色，则肉变老而味道也变差了。并且必须盖好锅盖，不要让鱼沾到锅盖上的水汽。临起锅时加上香蕈、笋尖。或者用酒煎也很好吃。用酒不用水做出的，号称“假鲥鱼”。

鲫鱼

鲫鱼先要善买。择其扁身而带白色者，其肉嫩而松，熟后一提，肉即卸骨而下。黑脊浑身者，崛强槎枒，鱼中之喇子也，断不可食。照边鱼蒸法最佳，其次煎吃亦妙。拆肉下，可以作羹。通州人能煨之，骨尾俱酥，号“酥鱼”，利小儿食。然总不如蒸食之得真味也。六合龙池出者，愈大愈嫩，亦奇。蒸时用酒不用水，稍稍用糖，以起其鲜。以鱼之小大酌量秋油、酒之多寡。

【译】做鲫鱼首先要会买。要挑选那些扁身且带白色的鱼，这种鱼肉质鲜嫩松软，做熟后用手一提，鱼肉即可脱骨而下。黑脊背圆身子的，骨刺粗大坚硬，这种鱼是鱼中的喇子，断不可食。照蒸边鱼的方法做鲫鱼最好吃，其次煎着吃也很好。鱼肉拆下来，可以做成羹。通州人很会煨鲫鱼，连骨尾也都很酥烂，号称“酥鱼”，很适合小儿食用，但总不如蒸着吃能够吃到鱼本来的味道。六合龙池出产的鲫鱼，越大越嫩，很是稀奇。蒸鲫鱼时，用酒不用水，稍稍加点糖，因为糖能提鲜。根据鱼的小大决定加酱油、酒的多少。

白鱼

白鱼肉最细。用糟鲥鱼同蒸之，最佳。或冬日微腌，加酒娘糟二日，亦佳。余在江中得网起活者，用酒蒸食，美不可言；糟之最佳，不可太久，久则肉木矣。

【译】白鱼的肉最细腻，加上糟鲥鱼一起蒸味道最好。或者冬天里稍微腌一下，加酒酿糟两天也很好。我在江中得到用鱼网刚刚捞上来的活白鱼，用酒蒸食，美不可言。糟白鱼最好吃，但不要糟得时间太长，时间长肉就发柴了。

季鱼[①]

季鱼少骨，炒片最佳。炒者以片薄为贵。用秋油细郁

① 季鱼：鳜（guì）鱼的俗称。

后，用纤粉、蛋清搂之；入油锅炒，加作料炒之。油用素油。

【译】季鱼骨头较少，炒鱼片最好。炒时鱼片切得越薄越好。用酱油稍稍腌渍后，用芡粉、蛋清调拌均匀，入油锅，加作料炒。油要用素油。

土步鱼[①]

杭州以土步鱼为上品。而金陵人贱之，目为虎头蛇，可发一笑。肉最松嫩。煎之、煮之、蒸之俱可。加腌芥作汤、作羹，尤鲜。

【译】杭州人认为土步鱼是上等的鱼，而金陵人却瞧不上，认为这种鱼就是虎头蛇。他们的看法可引人一笑。其实土步鱼的肉最松嫩，煎、煮、蒸都可以。加腌芥做汤、做羹，味道尤其鲜美。

鱼松

用青鱼、鲫鱼蒸熟，将肉拆下，放油锅中灼之，黄色，加盐花、葱、椒、瓜、姜。冬日封瓶中，可以一月。

【译】青鱼、草鱼蒸熟，把肉拆下来，放在油锅中炸成黄色，加进盐花、葱、椒、瓜、姜等。冬日封在瓶子里，可以保存一个月不变坏。

鱼圆

用白鱼、青鱼活者破半，钉板上，用刀刮下肉，留刺

① 土步鱼：亦称塘鳢（lǐ）鱼、土婆鱼、蒲鱼、虎关鲨。多产于苏、浙、皖等地湖泊、内河、小溪中。

在板上。将肉斩化，用豆粉、猪油拌，将手搅之。放微微盐水，不用清酱。加葱、姜汁作团，成后，放滚水中煮熟，撩起，冷水养之。临吃，入鸡汤、紫菜滚。

【译】选用活白鱼、青鱼，破成两半，钉在板上，用刀刮下肉，刺则留在板上。将肉斩成肉茸，加豆粉、猪油调拌，用手搅和。放一丁点盐水，不用清酱。再加葱、姜汁做成团子。做好后，放在滚水中煮熟，捞起，放在冷水中浸泡。临吃时，放进鸡汤里加紫菜烧开即可。

鱼片

取青鱼、季鱼片，秋油郁之，加纤粉、蛋清，起油锅炮炒，用小盘盛起，加葱、椒、瓜、姜。极多不过六两，太多则火气不透。

【译】选用青鱼、季鱼片成鱼片，用酱油腌过，加芡粉、蛋清，油烧热急炒，最后用小盘盛起，加葱、椒、瓜、姜等。炒一次最多不超过六两，太多的话就会炒不透。

连鱼豆腐

用大连鱼煎熟，加豆腐，喷酱水、葱、酒滚之，俟汤色半红起锅。其头味尤美。此杭州菜也[1]。用酱多少，须相鱼而行。

【译】把大连鱼煎熟，加进豆腐，喷上酱水，再加葱、酒烧开，等汤色半红时起锅。鱼头味道尤其鲜美。这是一道

① 今杭州传统名菜“鱼头豆腐”即此菜。

杭州菜。用酱的多少，须根据鱼的大小来定。

醋搂鱼[1]

用活青鱼，切大块，油灼之，加酱、醋、酒喷之。汤多为妙。俟熟即速起锅。此物杭州西湖上五柳居[2]最有名。而今则酱臭而鱼败矣，甚矣。宋嫂鱼羹，徒存虚名，《梦粱录》[3]不足信也。鱼不可大，大则味不入；不可小，小则刺多。

【译】选用活青鱼，切成大块，用油炸，加酱、醋，用酒喷一下。这道菜以汤多为妙。一熟即迅速起锅。这道菜杭州西湖边上的五柳居早先做的最有名，今天却是酱臭鱼败，大不如前，太不可思议了。剩下的宋嫂鱼羹，也是仅存了一个虚名，《梦粱录》的记载不足信也。做醋搂鱼鱼不要太大，太大则不入味；也不要太小，太小则刺多。

银鱼[4]

银鱼起水时，名冰鲜。加鸡油、火腿、汤煨之，或炒食甚嫩。干者泡软，用酱水炒，亦妙。

【译】银鱼刚从水里捞出时名叫“冰鲜”。加鸡油、火腿，用汤煨食，或者炒着吃也很嫩。干银鱼泡软后用酱水炒，也很好。

---

① 醋搂鱼：是京帮传统名菜，现为“醋溜鱼”。

② 五柳居：是南宋时期由北方人开设的一家名菜馆。

③ 《梦粱录》：书名。南宋吴自牧撰，它记述了临安（今杭州）风俗、市镇、物产等状况。

④ 银鱼：太湖新银鱼的简称。体细长，肉质极嫩。今都用它炒蛋，其味极佳，不宜制汤。

台鲞

台鲞好丑不一。出台州松门者为佳，肉软而鲜肥。出时拆之，便可当作小菜，不必煮食也。用鲜肉同煨，须肉烂时放鲞，否则鲞消化不见矣。冻之即为鲞冻。绍兴人法也。

【译】台鲞质量好坏不一，以台州松门出产的最好，肉软嫩鲜肥。刚捞出时拆下肉来，便可当作小菜，不必煮熟了才能吃。和鲜肉同煨，必须等肉烂了再放台鲞，否则台鲞就会被煮化而看不见了。熟鲞放凉后就是鲞冻。这是绍兴人的做法。

糟鲞

冬日用大鲤鱼腌而干之，入酒糟，置坛中，封口。夏日食之。不可烧酒作泡，用烧酒者不无辣味。

【译】冬天选用大鲤鱼，腌好后晾干，放在坛子里，加入酒糟，封好坛口。夏天取出来食用。不可用烧酒泡发，用烧酒泡发的就会有辣味。

虾子勒[1]鲞

夏日选白净带子勒鲞，放水中一日，泡去盐味，太阳晒干。入锅油煎，一面黄取起。以一面未黄者铺上虾子，放盘中，加白糖蒸之，以一炷香为度。三伏日食之，绝妙。

【译】夏天选用白净的带子勒鲞，放在水中泡一天，

① 勒：即鳓鱼。我国北方称鲙鱼、白鳞鱼，南方称鲞鱼，体侧扁，银白色，腹部有棱鳞。

除去盐味，太阳底下晒干。放入锅油煎，见一面煎黄时取出来。在没黄的一面铺上虾子，放在盘中，加白糖上锅蒸一炷香时间。三伏天吃，绝妙。

鱼脯

活青鱼去头尾，斩小方块，盐腌透，风干。入锅油煎，加作料收卤，再炒芝麻滚拌，起锅。苏州法也。

【译】活青鱼去掉头尾，斩切成小方块，用盐腌透，风干。放进锅里油煎，加佐料收卤，再加进炒好的芝麻滚拌，起锅。这是苏州的做法。

家常煎鱼

家常煎鱼，须要耐性。将鲜鱼洗净，切块，盐腌，压扁；入油中，两面煎黄。多加酒、秋油，文火慢慢滚之；然后收汤作卤，使作料之味全入鱼中。第此法指鱼之不活者而言。如活者，又以速起锅为妙。

【译】做家常煎鱼，必须要有耐性。先将草鱼洗净，切块，盐腌，压扁；再放入油中，两面煎黄。多加些酒、酱油，用文火慢慢烧滚一会儿，然后把汤收成卤汁，使佐料的味道全部进入鱼中。用这个方法主要是对那些不是活的鱼而言，如果是活鱼，要以迅速起锅为妙。

黄姑鱼

岳州[1]出小鱼，长二三寸。晒干寄来。加酒剥皮，放饭

① 岳州：今湖南岳阳地区。

锅上蒸而食之，味最鲜，号“黄姑鱼”。

【译】岳阳出产一种小鱼，长二三寸。有人晒干了给我寄来。我把它用酒泡软，剥掉鱼皮，放在饭锅上蒸熟了吃，味道最鲜，我叫它“黄姑鱼”。

水族无鳞单

鱼无鳞者，其腥加倍，须加意烹饪，以姜、桂胜之。作《水族无鳞单》。

【译】没有鳞的鱼，比之有鳞鱼，其腥味增加了几倍，因此更须用心烹饪，用生姜、桂皮等作料的味道方能压住腥味，因此写了《水族无鳞单》。

汤鳗

鳗鱼最忌出骨。因此物性本腥重，不可过于摆布失其天真，犹鲥鱼之不可去鳞也。清煨者，以河鳗一条，洗去滑涎[①]，斩寸为段，入磁罐中，用酒水煨烂，下秋油起锅，加冬腌新芥菜作汤，重用葱、姜之类，以杀其腥。常熟顾比部[②]家用纤粉、山药干煨，亦妙。或加作料直置盘中蒸之，不用水。家致华分司[③]蒸鳗最佳。秋油、酒四六兑，务使汤浮于本身。起笼时尤要恰好，迟则皮皱味失。

【译】鳗鱼最忌讳剔出骨头。这种鱼本身腥味很重，因此索性不要过于人为摆布而使它失去本来的特点，就好像鲥鱼不可去鳞一样。清煨的，准备河鳗一条，洗去身上的黏液，斩成一寸长的段，放入瓷罐中，用酒水煨烂，下

① 滑涎：指鳗鱼身上的一层粘液。

② 比部：古代官署名。

③ 分司：官名，明清时管理盐务的有关官员。

酱油起锅，再加冬腌的新芥菜做成汤，多用葱、姜之类的佐料以除去腥气。常熟顾比部家用芡粉、山药干煨鳗鱼，也很妙。或者加佐料直接放在盘子里蒸，不用加水，家致华分司家用这种方法做的蒸鳗最好吃。酱油和酒按四六比例兑好，一定要使汤盖过鱼身。起笼时间尤其要恰到好处，迟了就会鱼皮起皱，味道也就失去了。

红煨鳗

鳗鱼用酒、水煨烂，加甜酱代秋油入锅，收汤煨干，加茴香、大料起锅。有三病宜戒者：一皮有皱纹，皮便不酥；一肉散碗中，箸夹不起；一早下盐豉，入口不化[①]。扬州朱分司家，制之最精。大抵红煨者，以干为贵[②]，使卤味收入鳗肉中。

【译】鳗鱼用酒和水煨烂，锅里加甜酱代替酱油，煨干收汤，加茴香、大料起锅。做红煨鳗有三种毛病应当避免：一是皮有皱纹，皮肉不酥松；一是肉散在碗中，筷子夹不起来；一是盐豉下得过早，鱼肉入口硬结不化。扬州朱分司家做的红煨鳗最为精到。一般来说，做红煨鳗，以收干汤汁为好，这样卤汁的味道就能被吸收到鳗肉中。

① 盐对食物有渗透作用，在肉质未酥前加盐，鳗鱼中的脂肪、蛋白质就会溢出，成熟后硬酥不化。

② 这里指煮时加水要适量，这样卤汁逐渐收紧，被鳗鱼吸收肉中，使浓汁紧沾鳗鱼，味道甚佳。

炸鳗

择鳗鱼大者去首尾，寸断之。先用麻油炸熟，取起；另将鲜蒿菜[1]嫩尖入锅中，仍用原油炒透，即以鳗鱼平铺菜上，加作料，煨一炷香。蒿菜分量，较鱼减半。

【译】选择鳗鱼比较大的去掉头尾，切成一寸长的段。先用麻油炸熟，取出来；另将鲜蒿菜嫩尖放入锅中，用原来炸鱼的油炒透；再把鳗鱼平铺在菜上，加佐料煨一炷香工夫。蒿菜的分量要比鱼少一半。

生炒甲鱼

将甲鱼去骨，用麻油炮炒之，加秋油一杯、鸡汁一杯。此真定魏太守家法也。

【译】甲鱼去掉骨头，用麻油猛火急炒，加酱油一杯、鸡汁一杯。这是真定魏太守家的做法。

酱炒甲鱼

将甲鱼煮半熟，去骨，起油锅炮炒，加酱水、葱、椒，收汤成卤，然后起锅。此杭州法也。

【译】将甲鱼煮到半熟去掉骨头，起油锅猛火急炒，加酱水、葱、椒，把汤收成卤，然后起锅。这是杭州的做法。

带骨甲鱼

要一个半斤重者，斩四块，加脂油三两，起油锅煎两面黄，加水、秋油、酒煨。先武火，后文火。至八分熟，加蒜

---

① 蒿菜：指茼蒿的嫩茎叶。

起锅。用葱、姜、糖。甲鱼宜小不宜大，俗号“童子脚鱼”才嫩。

【译】准备一个半斤重的甲鱼，斩成四块，锅里加脂油三两烧热，甲鱼煎到两面黄时，加水、酱油、酒煨，先用大火，后用小火，到八成熟时，加蒜起锅。煨时还要用葱、姜、糖。甲鱼宜小不宜大，俗名叫“童子脚鱼”的甲鱼，那才叫鲜嫩。

青盐甲鱼

斩四块，起油锅炮透。每甲鱼一斤，用酒四两、大茴香三钱、盐一钱半，煨至半好，下脂油二两，切小骰块，再煨，加蒜头、笋尖，起时，用葱、椒，或用秋油，则不用盐。此苏州唐静涵家法。甲鱼大则老，小则腥，须买其中样者。

【译】甲鱼斩成四大块，油烧热猛火炒透。每一斤甲鱼，加酒四两、大茴香三钱、盐一钱半，煨到半熟时，取出甲鱼切成小骰块，下入脂油二两，再煨。煨时加蒜头、笋尖，起锅时再加葱、椒，如果用酱油，就不用加盐了。这是苏州唐静涵家的做法。甲鱼太大则肉老，太小则味腥，因此必须买不大不小的。

汤煨甲鱼

将甲鱼白煮，去骨拆碎，用鸡汤、秋油、酒煨；汤二碗收至一碗起锅，用葱、椒、姜末糁之。吴竹屿家制之最佳。微用纤才得汤腻。

【译】甲鱼用白水煮，煮好后去掉骨头拆碎鱼肉，加鸡汤、酱油、酒煨。见汤由两碗收到一碗时起锅，和进葱、椒、姜末。吴竹屿家做的最好。稍微勾点儿芡，才能使汤汁浓腻。

全壳甲鱼

山东杨参将[①]家制甲鱼，去首尾，取肉及裙，加作料煨好，仍以原壳覆之。每宴客，一客之前以小盘献一甲鱼。见者悚然，犹虑其动。惜未传其法。

【译】山东杨参将家做甲鱼，去掉头尾，只留下肉和裙边，再加作料煨好，上桌时仍然用原来的甲鱼壳盖好。每次招待客人，每位客人面前用小盘献上一只甲鱼。客人一见之下都感到有些吃惊，怀疑那甲鱼会动起来。可惜的是做法没有流传下来。

鳝丝羹

鳝鱼煮半熟，划丝去骨，加酒、秋油煨之，微用纤粉，用金针菜、冬瓜、长葱为羹。南京厨者，辄制鳝为炭，殊不可解。

【译】半熟的鳝鱼，划成丝去掉骨头，加酒、酱油煨煮，稍微勾一点芡粉，再加金针菜、冬瓜、长葱做成羹。南京的厨师，动辄把鳝鱼做得跟木炭一样硬，真不能让人理解。

炒鳝

拆鳝丝，炒之略焦，如炒肉鸡之法。不可用水。

① 参将：旧武官名。明朝位次于副总兵，清因之，位次于副将。

【译】鳝鱼拆成丝，炒得略微焦一点，如同炒肉鸡的方法。不可用水。

段鳝[1]

切鳝以寸为段，照煨鳗法煨之。或先用油炙使坚，再以冬瓜、鲜笋、香蕈作配，微用酱水，重用姜汁。

【译】鳝鱼切成一寸长的段，按照煨鳗的方法煨。或者先用油煎使鳝鱼变硬，再配上冬瓜、鲜笋、香蕈，少用酱水，多用姜汁。

虾圆

虾圆照鱼圆法，鸡汤煨之，干炒亦可。大概捶虾时不宜过细，恐失真味。鱼圆亦然。或竟剥虾肉，以紫菜拌之，亦佳。

【译】做虾圆可按照做鱼圆的方法，用鸡汤煨，干炒也可以。大概捶虾时不宜捶得过细，以免失去虾本来的味道，做鱼圆也是如此。或者干脆剥出虾肉，用紫菜拌着吃也很好。

虾饼

以虾捶烂，团而煎之，即为虾饼。

【译】把虾捶烂，捏成团用油煎，就是虾饼。

醉虾

带壳，用酒炙黄，捞起，加清酱、米醋煨之，用碗闷之。临食，放盘中，其壳俱酥。

---

① 段鳝：即今浙江宁波菜中的“鳝大烤”。

【译】虾带壳用酒煎黄，捞起，加清酱、米醋腌，再用碗闷住。临吃时，再放回盘中，虾的壳和肉都变得酥香了。

炒虾

炒虾照炒鱼法，可用韭配。或加冬腌芥菜，则不可用韭矣。有捶扁其尾单炒者，亦觉新异。

【译】炒虾可按照炒鱼的方法，可以配上韭菜。也有配冬天腌的芥菜的，如此则不要用韭菜了。也有把虾尾巴捶扁了单炒的，让人觉得很新鲜。

蟹

蟹宜独食，不宜搭配他物。最好以淡盐汤煮熟，自剥自食为妙。蒸者味虽全，而失之太淡。

【译】螃蟹适宜单独食用，不宜搭配其他菜肴。最好是用淡盐水煮熟，自剥自食为妙。蒸熟的螃蟹原味虽然得以保全，但缺陷是味道太淡。

蟹羹

剥蟹为羹，即用原汤煨之，不加鸡汁，独用为妙。见俗厨从中加鸭舌，或鱼翅，或海参者，徒夺其味而惹其腥，恶劣极矣！

【译】把蟹肉剥出来做成羹，最好用原来煮蟹的汤来煨，不要加鸡汁，只用原汤就很好。常见一些低俗的厨师做蟹羹加鸭舌，或加鱼翅，或加海参，白白夺走了螃蟹的美味却沾惹上它们的腥味，真是恶劣至极！

炒蟹粉

以现剥现炒之为佳。过二个时辰，则肉干而味失。

【译】炒蟹粉以现剥现炒的为最好，剥出蟹肉搁两个时辰，则因肉质变干而味道全失。

剥壳蒸蟹[①]

将蟹剥壳，取肉、取黄，仍置壳中，放五六只在生鸡蛋上蒸之。上桌时完然一蟹，惟去爪脚。比炒蟹粉觉有新色。杨兰坡明府以南瓜肉拌蟹，颇奇。

【译】先将蟹壳剥去洗净，取出肉和黄，仍放回壳中。放五六只这样的壳在生鸡蛋上蒸。上桌时俨然就是一只完整的螃蟹，只是去掉了脚爪。这么做觉得比炒蟹粉还新颖。杨兰坡明府家用南瓜肉拌蟹，很新奇。

蛤蜊

剥蛤蜊肉[②]，加韭菜炒之佳。或为汤亦可。起迟便枯。

【译】剥出蛤蜊肉，和韭菜同炒味道很好。或者做汤也可以。起锅迟了则肉便干枯无味了。

蚶

蚶有三吃法：用热水喷之半熟[③]，去盖，加酒、秋油醉之；或用鸡汤滚熟，去盖入汤；或全去其盖，作羹亦可，但

---

① 剥壳蒸蟹：即今扬州菜和其他菜系中各式“蟹斗”，它取蟹肉，仍置壳内加鸡蛋蒸之，形状仍似蟹式。

② 将蛤蜊在滚开水中略烫，取其肉同菜炒，用它制汤、制羹，肉嫩味鲜。

③ 指将蚶擦净后，在滚开水中泡氽，至七八成熟即好。食时蘸酱、醋、姜末。

宜速起，迟则肉枯[1]。蚶出奉化县，品在蛼螯[2]、蛤蜊之上。

【译】蚶有三种吃法：用热水烫到半熟，去壳，加酒、酱油腌上；或者用鸡汤滚熟，去壳，再放回汤中；或者把壳全部去掉，仅留下肉作羹也可以，但是要快速起锅，起锅慢了肉就干枯无味。蚶出产在奉化县，品质在蛼螯、蛤蜊之上。

蛼螯

先将五花肉切片，用作料闷烂。将蛼螯洗净，麻油炒，仍将肉片连卤烹之。秋油要重些，方得有味。加豆腐亦可。蛼螯从扬州来，虑坏，则取壳中肉置猪油中，可以远行。有晒为干者，亦佳。入鸡汤烹之，味在蛏干之上。捶烂蛼螯作饼，如虾饼样煎吃，加作料亦佳。

【译】先将五花肉切成片，加作料焖烂。将车螯洗净，用麻油炒一下，再放进肉片和卤汁中成菜。酱油要多放些，才有味道。加豆腐也可以。车螯从扬州运来担心变坏，可以把肉从壳中取出来放在猪油中，这样就能走远路。有把车螯晒成干的也很好。车螯干放进鸡汤里煮，味道在蛏干之上。把车螯捶烂做成饼，如虾饼那样煎着吃，加佐料也很好。

---

① 蚶肉质极为鲜嫩，内含水分足，烫过头，煮时起锅迟，所含水分逼干，肉便枯而无味。

② 蛼（chē）螯：即车螯，蛤属，壳紫色，有斑点，用火炙之则干，取肉供食，俗称“昌娥”。

程泽弓蛏干

程泽弓商人家制蛏干，用冷水泡一日，滚水煮两日，撤汤五次。一寸之干发开有二寸，如鲜蛏一般，才入鸡汤煨之。扬州人学之，俱不能及。

【译】程泽弓商人家制作的蛏干，要用冷水泡一天，滚水煮两天，换五次水。一寸的干发开了有两寸大，好像鲜蛏一样，这才放入鸡汤里煨煮。扬州人学习这种做法，但却都赶不上程家做得好。

鲜蛏

烹蛏，法与蚶蝥同。单炒亦可。何春巢家蛏汤豆腐之妙，竟成绝品。

【译】烹饪鲜蛏，方法与烹饪车螯相同，单炒也可以。何春巢家做的蛏汤豆腐，好得简直称得上是绝品。

水鸡[①]

水鸡去身，用腿。先用油灼之，加秋油、甜酒、瓜、姜起锅。或拆肉炒之，味与鸡相似。

【译】青蛙去掉身子，只用腿。先用油炸一下，再加酱油、甜酒、瓜姜起锅。或者把肉拆下来炒，味道与鸡肉相似。

熏蛋

将鸡蛋加作料煨好，微微熏干，切片放盘中，可以佐膳。

【译】将鸡蛋加作料煨好，微微熏干，切成片放在盘

---

① 水鸡：又叫田鸡，即青蛙。

中，可以当作一道佐餐的菜。

茶叶蛋

鸡蛋百个，用盐一两、粗茶叶煮，两枝线香为度。如蛋五十个，只用五钱盐，照数加减。可作点心。

【译】鸡蛋一百个，用盐一两、用粗茶叶煮燃尽两炷线香的时间。如是五十个鸡蛋，只用五钱盐，按照这个比例加减。茶叶蛋可以当作点心吃。

杂素菜单

菜有荤素，犹衣有表里也。富贵之人嗜素，甚于嗜荤，作《素菜单》。

【译】菜有荤素之分，好像衣服有面子里子一样。富贵人家嗜好素菜，甚于嗜好荤菜，因此写了《素菜单》。

蒋侍郎豆腐

豆腐两面去皮，每块切成十六片，晾干。用猪油热灼，青烟起才下豆腐，略洒盐花一撮，翻身后，用好甜酒一茶杯、大虾米一百二十个（如无大虾米，用小虾米三百个，先将虾米滚泡一个时辰）、秋油一小杯，再滚一回，加糖一撮，再滚一回，用细葱半寸许长一百二十段，缓缓起锅。

【译】豆腐两面去皮，每块切成十六片，晾干。用猪油热炸，但要等猪油起青烟再下豆腐，炸时略微撒一撮盐花，炸好一面翻身炸另一面，然后加入好甜酒一茶杯、大虾米一百二十个（如果没有大虾米，就用小虾米三百个，之前要先将虾米用水滚泡一个时辰）、酱油一小杯，烧开一回，再加糖一撮，再烧滚一回，加半寸许长细葱一百二十段，慢慢起锅。

杨中丞豆腐

用嫩豆腐煮去豆气，入鸡汤，用鳆鱼片滚数刻，加糟油、香蕈起锅。鸡汁须浓，鱼片要薄。

【译】选嫩豆腐用水煮去豆腥气，放入鸡汤里，加鳆鱼片烧滚一会儿，加糟油、香蕈起锅。鸡汁须浓，鱼片要薄。

张恺豆腐

将虾米捣碎，入豆腐中，起油锅，加作料干炒。

【译】将虾米捣碎放入豆腐中，起油锅，加作料干炒。

庆元豆腐

将豆豉一茶杯，水泡烂，入豆腐同炒，起锅。

【译】把豆豉一茶杯用水泡烂，放入豆腐同炒至熟，起锅。

芙蓉豆腐

用腐脑[1]，放井水泡三次，去豆气，入鸡汤中滚。起锅时加紫菜、虾肉。

【译】豆腐脑放在井水里泡三次去掉豆腥气，放进鸡汤中烧滚。起锅时加紫菜、虾肉。

王太守八宝豆腐[2]

用嫩片切粉碎，加香蕈屑、蘑菇屑、松子仁屑、瓜子仁屑、鸡屑、火腿屑，同入浓鸡汁中烧滚起锅。用腐脑亦可。用瓢不用箸。孟亭太守云："此圣祖[3]赐徐健庵尚书方也。尚书取方时，御膳房费一千两。"太守之祖楼村先生，为尚书门生，故得之。

---

① 腐脑：豆腐脑，豆浆煮开后，加入石膏而凝结成半固体。

② 八宝豆腐：今杭州一些名菜馆，仍作为传统名菜保持供应。

③ 圣祖：即康熙皇帝。

【译】把嫩豆腐片切粉碎，和香蕈屑、蘑菇屑、松子仁屑、瓜子仁屑、鸡肉屑、火腿屑，一同放入浓鸡汁中烧滚即可起锅。用豆腐脑也可以。吃时用勺子不用筷子。孟亭太守说："这是圣祖皇帝赐给徐健庵尚书的菜谱。尚书取这个菜谱时，还给了御膳房一千两银子的费用。"太守的祖先楼村先生是尚书的学生，因而得到这个菜谱。

程立万豆腐

乾隆廿三年，同金寿门[①]在扬州程立万家食煎豆腐，精绝无双。其豆腐两面黄干，无丝毫卤汁，微有蛼螯鲜味。然盘中并无蛼螯及他杂物也。次日告查宣门[②]。查曰："我能之，我当特请。"已而，同杭董浦同食于查家，则上箸大笑；乃纯是鸡、雀脑为之，并非真豆腐，肥腻难耐矣。其费十倍于程，而味远不及也。惜其时，余以妹丧急归，不及向程求方。程逾年亡，至今悔之。仍存其名，以俟再访。

【译】乾隆廿三年（公元1758年），我和金寿门在扬州程立万家吃的煎豆腐，精美绝伦，举世无双。那个豆腐两面黄干，没有丝毫的卤汁，稍微有一点车螯的鲜味；但盘中并无车螯及其他东西。次日我告诉查宣门。查说："我也会，我要用这道菜请你们。"后来，我同杭董浦一起去查家吃饭，拿起筷子我们就大笑不已，原来他纯粹用鸡、雀的脑子

① 寿门：官名，掌管城门启闭。

② 宣门：官名，掌管城门启闭。

做了一道菜，并非用真正的豆腐，肥腻得让人难以忍受。这道菜的花费十倍于程立万的豆腐，味道却远远不如。可惜在程家时，我因为妹妹的丧事着急回家，来不及向程立万求取方法。转过年他就亡故了，至今还感到很后悔。因此仍保存下这个菜名，等有机会再求取做法。

冻豆腐

将豆腐冻一夜，切方块，滚去豆味，加鸡汤汁、火腿汁、肉汁煨之。上桌时，撤去鸡、火腿之类，单留香蕈、冬笋。豆腐煨久，则松而起蜂窝，如冻腐矣。故炒腐宜嫩，煨者宜老。家致华分司用蘑菇煮豆腐，虽夏月亦照冻腐之法，甚佳。切不可加荤汤，致失清味。

【译】将豆腐冻一夜，切成方块，放进水里烧滚，去掉豆腥味，然后加鸡汤汁、火腿汁、肉汁煨煮。上桌时，撤去鸡、火腿之类，只留下香蕈、冬笋。鲜豆腐煨的时间一长，就会变得疏松而呈现蜂窝状，如同冻豆腐。因此炒豆腐应该用嫩的，煨豆腐应该用老的。家致华分司用蘑菇煮豆腐，即使夏天也按照冻豆腐的方法，很好。千万不要加荤汤，以免失掉豆腐的清香味。

虾油豆腐

取陈虾油代“清酱炒豆腐”。须两面煎黄，油锅要热，用猪油、葱、椒。

【译】用陈虾油代替“清酱炒豆腐”，豆腐两面都要煎黄，油锅要热，还要加猪油、葱、椒。

蓬蒿菜

取蒿尖，用油灼瘪，放鸡汤中滚之。起时加松菌百枚。

【译】把茼蒿的嫩尖用油炸蔫，然后放进鸡汤中烧滚，起锅时再加入松菌一百枚。

蕨菜

用蕨菜，不可爱惜，须尽去其枝叶，单取直根。洗净煨烂，再用鸡肉汤煨。必买矮弱者才肥。

【译】烹饪蕨菜时不可太爱惜材料，必须把它的枝叶完全去掉，只留下直根。先洗净煨烂，再加鸡汤或肉汤煨。蕨菜要买那些矮弱的，这些才是真正的好菜。

葛仙米[1]

将米细检淘净，煮半烂，用鸡汤、火腿汤煨。临上时，要只见米，不见鸡肉、火腿搀和才佳。此物陶方伯家制之最精。

【译】将地耳仔细检去杂质，淘洗干净，先煮到半烂，再用鸡汤、火腿汤煨。临上桌时，要只看见地耳，而看不到鸡肉、火腿掺和其中才好。这个菜陶方伯家做得最精到。

羊肚菜

羊肚菜出湖北。食法与葛仙米同。

---

① 葛仙米：俗称“地耳”。湿润时呈绿色，干燥后卷缩呈灰黑色，附生于水中的砂石间或阴湿的泥土上。可供食用。

【译】羊肚菜出产在湖北，吃法与地耳相同。

石发[1]

制法与葛仙米同。夏日用麻油、醋、秋油拌之亦佳。

【译】做法与地耳相同。夏天用麻油、醋、酱油拌着吃，也很好。

珍珠菜[2]

制法与蕨菜同。上江新安[3]所出。

【译】做法与蕨菜相同。珍珠菜为新安江上游所出产。

素烧鹅

煮烂山药，切寸为段，腐皮包，入油煎之，加秋油、酒、糖、瓜、姜，以色红为度。

【译】山药煮烂，切成一寸长的段，用豆腐皮包起来，先放入油中煎，再加酱油、酒、糖、瓜、姜等，见颜色变红即可。

韭

韭，荤[4]物也。专取韭白，加虾米炒之便佳。或用鲜虾亦可，蚬亦可，肉亦可。

【译】韭菜，属于荤物。只用韭白，加虾米同炒很好

---

① 石发：根据李时珍《本草纲目》记载：亦名“龙须菜，生东南海石边上，从生无枝，叶状如柳，根须长者尺余，白色。以醋浸食，和肉蒸煮亦佳。博物志一种石发，似指此物，与石衣之石发相同”。

② 珍珠菜：春季开花，花白色，生于路旁和荒山草坡中。分布于我国华北和长江以南各地。

③ 上江新安：指新安江上游。

④ 荤：在古代原指韭、葱、蒜类具有浓烈辛味的菜，后来它的概念有了变化。

吃。或者用鲜虾炒也可以，用蚬炒，用肉炒也都可以。

芹

芹，素物也，愈肥愈妙。取白根炒之，加笋，以熟为度。今人有以炒肉者，清浊不伦。不熟者，虽脆无味。或生拌野鸡，又当别论。

【译】芹菜，属于素物，越肥壮越好吃。用芹菜白根，加笋同炒，炒熟即可。现在有人用肉炒芹菜的，清浊相配，不伦不类。不熟的芹菜，口感虽脆却没有味道。也有人用生芹菜拌野鸡肉，则又当别论。

豆芽

豆芽柔脆，余颇爱之。炒须熟烂，作料之味才能融洽。可配燕窝，以柔配柔，以白配白故也。然以极贱而陪极贵，人多嗤之。不知惟巢、由[①]正可陪尧、舜耳。

【译】豆芽细柔脆嫩，我很爱吃。炒豆芽必须炒熟炒烂，作料的味道才能融合进去。豆芽可以配着燕窝吃，这是柔细配柔细、白色配白色的缘故。但是因为是用特别低贱的东西来匹配特别珍贵的东西，人们大多嘲笑这种做法。岂不知只有巢父、许由才正可以匹配尧、舜哩。

茭

茭白炒肉、炒鸡俱可。切整段，酱、醋炙之，尤佳。煨肉亦佳。须切片，以寸为度。初出瘦细者无味。

---

① 巢由：即巢父和许由，古代最著名的两位隐士，尧要把君位让给他们，皆不受。

【译】用茭白炒肉、炒鸡都可以。切成整段，用酱、醋炒一下尤其好吃。煨肉也很好，但必须切成片，以寸长为度。茭白刚长出来又瘦又细的没有味道。

青菜

青菜，择嫩者，笋炒之。夏日芥末拌，加微醋，可以醒胃。加火腿片，可以作汤。亦须现拔者才软。

【译】选嫩青菜，和笋一起炒。夏天用芥末调拌，加一点醋，可以醒胃。加上火腿片，还可以做汤，但只有从菜地里现拔现做的才软嫩可口。

台菜[1]

炒台菜心最懦[2]。剥去外皮，入蘑菇、新笋作汤。炒食，加虾肉，亦佳。

【译】台菜心炒着吃最软糯。剥去外皮，加入蘑菇、新笋可以做汤。炒着吃时，加上虾肉也很好。

白菜

白菜炒食，或笋煨亦可。火腿片煨、鸡汤煨俱可。

【译】白菜炒着吃，或用笋煨也可以。用火腿片煨、鸡汤煨都可以。

黄芽菜

此菜以北方来者为佳，或用醋搂，或加虾米煨之。一熟

① 台菜：即油菜。

② 懦：柔嫩。

便吃，迟则色、味俱变。

【译】这个菜以从北方来的为好，或用醋溜，或加虾米煨。一熟便吃，迟了则颜色、味道都会变差。

瓢儿菜①

炒瓢菜心，以干鲜无汤为贵。雪压后更软。王孟亭太守家制之最精。不加别物，宜用荤油。

【译】炒瓢菜心，以达到干鲜、无汤为标准。经过雪压后的瓢儿菜更软。王孟亭太守家做瓢儿菜最精到。做菜时不要加其他东西，适宜用荤油。

波菜②

波菜肥嫩，加酱水、豆腐煮之。杭人名“金镶白玉板”是也。如此种菜，虽瘦而肥，可不必再加笋尖、香蕈。

【译】选肥嫩的菠菜，加酱水、豆腐一起煮。杭州人说的“金镶白玉板”就是这个菜。菠菜这种菜，形虽瘦而质实肥，烹饪时可不必再加笋尖、香蕈。

蘑菇

蘑菇不止作汤，炒食亦佳。但口蘑最易藏沙，更易受霉，须藏之得法，制之得宜。鸡腿蘑便易收拾，亦复讨好。

【译】蘑菇不只是做汤好，炒食也很好。但口蘑最容易藏着沙子，更容易受潮发霉，因而必须收藏得法，烹制得其

---

① 瓢儿菜：油塌菜，俗称“塌果菜”。南京一带栽培较多，为冬季主要蔬菜之一。

② 波菜：菠菜。

所宜。鸡腿蘑便容易收拾，也容易做好。

松蕈[1]

松蕈加口蘑炒最佳。或单用秋油泡食，亦妙。惟不便久留耳。置各菜中，俱能助鲜。可入燕窝作底垫，以其嫩也。

【译】松蕈加上口蘑炒着吃最好，或者单用酱油泡着吃也很妙。松蕈唯一的缺点是不能存放太久。松蕈加入各种菜中，都能起到提鲜的作用。松蕈还可放到燕窝里做下面的垫菜，因为这两种材料都很嫩。

面筋三法

一法，面筋入油锅炙枯，再用鸡汤、蘑菇清煨。一法，不炙，用水泡，切条入浓鸡汁炒之，加冬笋、天花[2]。章淮树观察家制之最精。上盘时，宜毛撕，不宜光切[3]。加虾米泡汁，甜酱炒之，甚佳。

【译】一种方法，面筋在油锅中炸干，再加鸡汤、蘑菇清煨。另一种方法，不用油炸，用水泡软，切成条，加入浓鸡汁炒，再加冬笋、天花。章淮树观察家这种做法最为精到。上盘时，宜用手撕，不宜用刀切。（第三种方法）加泡虾米的水，用甜酱炒食也非常好。

---

① 松蕈（xùn）：即松菌，是生在松林里的菌类植物。可食用。

② 天花：即天花菜。山西五台山地区出产的食用蘑菇，又称台蘑。

③ 面筋因经油汆，外皮硬脆，手撕可使其皮毛裂大，容易吸收卤汁而入味，而刀切裂口整齐，不易吸收卤汁。

茄二法

吴小谷广文家，将整茄子削皮，滚水泡去苦汁，猪油炙之（炙时须待泡水干后），用甜酱水干煨，甚佳。卢八太爷家，切茄作小块，不去皮，入油灼微黄，加秋油炮炒，亦佳。是二法者，俱学之而未尽其妙。惟蒸烂划开，用麻油、米醋拌，则夏间亦颇可食。或煨干作脯，置盘中。

【译】吴小谷广文家，把整个茄子削皮，放进滚水中泡去苦汁，用猪油煎炸（煎炸的时候要等到泡茄子的水干后），再用甜酱水干煨，很好吃。卢八太爷家，把茄子切成小块，不去皮，放入油中炸到微微发黄，再加酱油爆炒，也很好。这两种方法，我都学过，但都没有完全学到其中的窍门。我会做的，就是把茄子蒸烂划开，拌上麻油、米醋，还是很适合夏天食用的。还有把茄子煨干做成茄脯放在盘中的。

苋[①]羹

苋须细摘嫩尖，干炒，加虾米或虾仁，更佳。不可见汤。

【译】做苋羹必须仔细选摘苋菜的嫩尖，干炒，加虾米或虾仁更好吃。不要见汤。

芋羹

芋性柔腻，入荤入素俱可。或切碎作鸭羹，或煨肉，或

---

① 苋：苋菜，一年生草本植物。我国南方各地普遍栽培。它含钙、铁较多，幼苗作蔬菜，老茎供腌渍加工，制羹更佳。

同豆腐加酱水煨。徐兆璜明府家，选小芋子，入嫩鸡煨汤，妙极！惜其制法未传。大抵只用作料，不用水。

【译】芋头本就柔软细腻，加入荤菜加入素菜都可以。或者切碎做鸭羹，或者煨肉，或者和豆腐一起加酱水煨。徐兆璜明府家，选小芋头加入嫩鸡煨汤，妙极了！可惜他家的做法没有留传下来。大概是只用作料，不用水。

豆腐皮

将腐皮泡软，加秋油、醋、虾米拌之，宜于夏日。蒋侍郎家入海参用，颇妙；加紫菜、虾肉作汤亦相宜；或用蘑菇、笋煨清汤，亦佳，以烂为度。芜湖敬修和尚将腐皮卷筒切段，油中微炙，入蘑菇煨烂，极佳。不可加鸡汤。

【译】将豆腐皮泡软，加酱油、醋、虾米调拌，很适合夏天吃。蒋侍郎家加入海参一起拌，也很好；加入紫菜、虾肉做成汤也很合适；或加蘑菇、笋煨清汤也好，豆腐皮软烂即好。芜湖敬修和尚把豆腐皮卷成筒切段，在油中微微煎一下，加入蘑菇煨烂特别好吃，但不可加鸡汤。

扁豆

取现采扁豆，用肉、汤炒之，去肉存豆。单炒者，油重为佳。以肥软为贵，毛糙而瘦薄者，瘠土所生，不可食。

【译】取现摘的扁豆，用肉与汤炒，上桌时去掉肉留下扁豆。单炒扁豆，以多放油为好。扁豆以肥嫩的为质量好，外形毛糙又瘦又薄的，是贫瘠的土地里长出来的，不可食用。

瓠子[①]、黄瓜

将鲜鱼切片先炒，加瓠子同酱汁煨。黄瓜亦然。

【译】将草鱼切成片先炒，再加瓠子用酱汁煨熟。黄瓜也可以这样做。

煨木耳香蕈

扬州定慧庵僧，能将木耳煨二分厚，香蕈煨到三分厚。先取蘑菇熬汁为卤。

【译】扬州定慧庵的僧人，能将木耳煨到二分厚，香蕈煨到三分厚。煨前先用蘑菇熬汁做成卤，再下原料煨。

冬瓜

冬瓜之用最多，拌燕窝、鱼、肉、鳗、鳝、火腿皆可。扬州定慧庵所制尤佳。红如血珀[②]，不用荤汤。

【译】冬瓜的用途最多，用来拌燕窝、鱼、肉、鳗、鳝、火腿都可以。扬州定慧庵做的冬瓜尤其出色，鲜红如同血色的琥珀，做时不要用荤汤。

煨鲜菱

煨鲜菱，以鸡汤滚之；上时，将汤撤去一半。池中现起者才鲜，浮水面者才嫩。加新栗、白果煨烂尤佳。或用糖亦可，作点心亦可。

【译】煨鲜菱，要把鲜菱放在鸡汤中烧滚；上桌时，将

① 瓠（hù）子：是瓠瓜的一种。可炒食或制汤。

② 血珀：血红色琥珀。

汤去掉一半。刚从池塘中捞起来的菱角才新鲜，浮在水面上的菱角才脆嫩。加新栗、白果和菱角一同煨烂尤其好吃，或者加糖也可以，当点心吃也行。

豇豆

豇豆炒肉，临上时去肉存豆。以极嫩者，抽去其筋。

【译】豇豆炒肉，临上桌时去掉肉只留下豆。要用特别嫩的豇豆，抽去筋丝。

煨三笋

将天目笋[①]、冬笋、问政笋[②]煨入鸡汤，号“三笋羹”。

【译】把天目笋、冬笋、问政笋加入鸡汤同煨，号称“三笋羹”。

芋煨白菜

芋煨极烂，入白菜心烹之，加酱水调和，家常菜之最佳者。惟白菜须新摘肥嫩者，色青则老，摘久则枯。

【译】先把芋头煨到特别烂，再加入白菜心煮一会儿，最后加酱水调和。这是家常菜中最好吃的一种。只是必须用新摘的肥嫩白菜，颜色发青的是老白菜，摘下来放得太久则变干枯。

香珠豆

毛豆至八九月间，晚收者最阔大而嫩，号“香珠豆”。

---

① 天目笋：系杭州天目山所产，取嫩笋尖腌制而成的，俗称“扁尖”。

② 问政笋：即今安徽歙（shè）县问政山所产之春笋，笋壳黄中泛红，肉白，质地脆嫩微甜。因早属杭州地区管辖，故亦称“杭州笋”。

煮熟，以秋油、酒泡之。出壳亦可，香软可爱。寻常之豆不可食也。

【译】毛豆要到八九月间才收获，晚收的毛豆最是阔大肥嫩，称为“香珠豆”。带壳煮熟，用酱油、酒泡一下，或者把豆子从壳里剥出来做也可以，郁香软可口。一般的豆子，与之相比不可食用。

马兰

马兰头菜，摘取嫩者，醋合笋拌食。油腻后食之可以醒脾。

【译】摘取鲜嫩的马兰头，加醋和笋一块拌着吃。吃了油腻的东西后可用这个菜醒脾胃。

杨花菜

南京三月有杨花菜，柔脆与菠菜相似，名甚雅。

【译】南京三月出产杨花菜，柔脆与菠菜相似，名字很雅致。

问政笋丝

问政笋，即杭州笋也。徽州人送者，多是淡笋干，只好泡烂切丝，用鸡肉汤煨用。龚司马取秋油煮笋，烘干上桌。徽人食之，惊为异味。余笑，其如梦方醒也。

【译】问政笋，就是杭州笋。徽州人送来的，大多是淡笋干，只好泡烂切成丝，用鸡肉汤煨好食用。龚司马用酱油煮笋，烘干后上桌。徽州人吃了很惊讶，以为是什么特别的美味。我一笑，他们才如梦方醒。

炒鸡腿蘑菇

芜湖大庵和尚，洗净鸡腿，蘑菇去沙，加秋油、酒炒熟盛盘。宴客甚佳。

【译】这是芜湖大庵和尚的做法。鸡腿洗净，蘑菇洗去沙子，加酱油、酒炒熟盛盘。这道菜用来宴请客人很好。

猪油煮萝卜

用熟猪油炒萝卜，加虾米煨之，以极熟为度。临起加葱花，色如琥珀。

【译】用熟猪油炒萝卜，加虾米煨，以煨到特别熟烂为度。临起锅时加葱花，颜色如同琥珀。

小菜单

小菜佐食，如府[①]史[②]胥徒[③]佐六官[④]也。醒脾、鲜浊全在于斯。作《小菜单》。

【译】小菜佐食，如同府史胥徒辅佐六官一样，醒脾、解浊全在于小菜，因此写了《小菜单》。

笋脯

笋脯出处最多，以家园所烘为第一。取鲜笋加盐煮熟，上篮烘之。须昼夜环看，稍火不旺则溲矣。用清酱者色微黑。春笋、冬笋皆可为之。

【译】出产笋脯的地方最多，但却以自家菜园里烘制的为最好。用鲜笋加盐煮熟，放进篮子里烘干。必须昼夜小心看护，火稍微不旺就烘烤不好。加清酱的笋脯，颜色微黑。春笋、冬笋都可做成笋脯。

天目笋

天目笋多在苏州发卖。其篓中盖面者最佳[⑤]，下二寸搀老根硬节矣。须出重价专卖其盖面者数十条，如集狐成腋[⑥]

---

① 府：古时管理财货或文书的官。

② 史：官名。

③ 胥徒：旧时泛指在官府中供役使的人。

④ 六官：《周礼》中的天官冢宰、地官司徒、春官宗伯、夏官司马、秋官司寇、冬官司空称六官，也称六卿。

⑤ 盖面者最佳：指出售该笋的商贩，往往将最好的放在表面，下面的就差一些。

⑥ 集狐成腋：应为“集腋成裘”，比喻积小成大。这里意为不惜工本而获取好料。

之义。

【译】天目笋大多在苏州发卖。篓中表面上的笋往往是最好的，表面往下二寸便掺入了老根硬节。必须出大价钱专门买表面上的那几十条，如同集腋成裘一样。

玉兰片[1]

以冬笋烘片，微加蜜焉。苏州孙春阳家有盐、甜二种，以盐者为佳。

【译】把冬笋切片烘干，微微加一点蜜就成了玉兰片。苏州孙春阳家有咸、甜两种，以咸的为好。

素火腿

处州笋脯，号"素火腿"，即处片也。久之太硬，不如买毛笋自烘之为妙。

【译】处州所产的笋脯，号称"素火腿"，也就是处片。放久了就会干硬，不如买来毛笋自己炮制为好。

宣城笋脯

宣城笋尖，色黑而肥，与天目笋大同小异，极佳。

【译】宣城所产笋尖颜色发黑而肥厚，与天目笋大同小异，特别好。

人参笋

制细笋如人参形，微加蜜水。扬州人重之，故价颇贵。

① 玉兰片：是以楠竹产的冬笋或春笋为原料精制而成，因其外形和色泽似玉兰花瓣，故得此名。

【译】把细笋做成人参的形状，稍微加点蜜水。扬州人很喜欢这种笋，所以价钱比较贵。

笋油

笋十斤，蒸一日一夜，穿通其节。铺板上，如作豆腐法，上加一板压而笮[1]之，使汁水流出。加炒盐一两，便是笋油。其笋晒干，仍可作脯。天台僧制以送人。

【译】用笋十斤，蒸一天一夜，直到笋节也蒸透。把蒸好的笋铺在木板上，就像做豆腐一样，上面加一块板压榨，使笋中的汁水流出。在这些汁水中加炒盐一两，便制成笋油。把剩下的笋晒干，还可以做成笋脯。天台僧人经常制做笋油送人。

糟油

糟油出太仓州，愈陈愈佳。

【译】糟油出产自江苏太仓，越陈越好。

虾油

买虾子数斤，同秋油入锅熬之；起锅，用布沥出秋油，乃将布包虾子，同放罐中盛油。

【译】买来虾子数斤，同酱油一起入锅熬制。起锅后，用布沥出酱油，仍用布包好虾子，和沥出的酱油一同放在罐中，就做成了虾油。

---

① 笮（zé）：此处同“榨”，压榨。

喇虎酱

秦椒[1]捣烂，和甜酱蒸之，可用虾米搀入。

【译】花椒捣烂和甜酱一起蒸，可以把虾米掺进去。

熏鱼子

熏鱼子色如琥珀，以油重为贵。出苏州孙春阳家，愈新愈妙，陈则味变而油枯。

【译】熏鱼子颜色亮如琥珀，做时以多放油为好。这道菜出自苏州孙春阳家，越新越好，陈的则味道变差、油变枯干。

腌冬菜、黄芽菜

腌冬菜、黄芽菜，淡则味鲜，咸则味恶。然欲久放，则非盐不可。常腌一大坛，三伏时开之，上半截虽臭、烂，而下半截香美异常，色白如玉。甚矣。相士之不可但观皮毛也！

【译】腌冬菜、黄芽菜，盐放得少味道就鲜，盐放得多味道就差。但是，想放得时间长，却非多放盐不可。常常是腌一大坛，三伏天打开，上半截虽然已经臭烂，下半截却香美异常，色白如玉。是啊，看人不可只看到表面呀！

莴苣

食莴苣有二法：新酱者，松脆可爱；或腌之为脯，切片食甚鲜。然必以淡为贵，咸则味恶矣。

【译】吃莴苣有两种方法：新鲜莴苣拌上酱吃，松脆可

---

① 秦椒：李时珍《本草纲目》谓“秦椒”，即“花椒”。

口；或者腌制成脯，切片吃也很鲜。但腌时一定要少放盐，盐多味道就不好了。

香干菜

春芥心风干，取梗，淡腌，晒干，加酒、加糖、加秋油拌后，再加蒸之，风干入瓶。

【译】春天的芥菜心先风干，去掉菜梗，淡腌，晒干，再加酒、加糖、加酱油调拌，然后再上锅蒸，蒸好后风干，最后入瓶保存。

冬芥

冬芥，名“雪里红”。一法整腌，以淡为佳；一法取心风干，斩碎，腌入瓶中。熟后，杂鱼羹中极鲜；或用醋煨，入锅中，作辣菜亦可。煮鳗、煮鲫鱼最佳。

【译】冬芥，俗名叫“雪里红（蕻）”。一个方法是把整个菜腌起来，口味以淡一些为好；一个方法是只取菜心，风干，斩碎，腌到瓶子里。腌熟后，掺在鱼羹中吃特别鲜；或者用醋煨一下，放入锅中，做成辣菜也可以。用冬芥煮鳗鱼、鲫鱼最好吃。

春芥

取芥心风干，斩碎，腌熟入瓶，号称“挪菜”。

【译】取春芥菜心风干，斩碎，腌熟后放进瓶子里，号称“挪菜”。

芥头

芥根切片，入菜同腌，食之甚脆。或整腌晒干作脯，食之尤妙。

【译】芥菜根切成片，和芥菜一起腌，吃起来很脆。或者把整个芥菜根腌起来，腌好后再晒成菜脯，吃起来味道也很好。

芝麻菜[1]

腌芥晒干，斩之碎极，蒸而食之，号“芝麻菜”。老人所宜。

【译】腌芥菜晒干，斩切到极碎，蒸着吃，叫作“芝麻菜”，适合老年人食用。

腐干丝

将好腐干切丝极细，以虾子、秋油拌之。

【译】把好豆腐干切成极细的丝，用虾子、酱油拌食。

风瘪菜

将冬菜取心风干，腌后榨出卤，小瓶装之，泥封其口，倒放灰上。夏食之，其色黄，其臭香。

【译】冬菜取心，风干，腌后挤出卤汁，然后用小瓶装起来，用泥封住瓶口，倒放在灰上。夏天食用，虽然颜色发黄，气味却很香。

① 芝麻菜：即今日的“细干菜”。

糟菜

取腌过风瘪菜，以菜叶包之，每一小包铺一面香糟，重叠放坛内。取食时开包食之，糟不沾菜，而菜得糟味。

【译】取腌过的风瘪菜，用菜叶包起来，每一小包上都盖一层香糟，重叠着放在坛子里。取出来吃时打开小包，糟虽然没有沾到菜上，但菜却有了糟香之味。

酸菜

冬菜心风干，微腌，加糖、醋、芥末，带卤入罐中，微加秋油亦可。席间醉饱之余食之，醒脾解酒。

【译】冬菜心风干，稍微腌一下，加糖、醋、芥末，带卤放进罐子里，稍稍加点酱油也可以。宴席中间或者酒醉饭饱之余吃点酸菜，可以醒脾解酒。

台菜心

取春日苔菜心腌之，笮出其卤，装小瓶之中。夏天食之。风干其花即名“菜花头”，可以烹肉。

【译】取春天的苔菜心腌好，挤出腌菜的卤汁，将菜装入小瓶，夏天食用。风干的台菜花就是“菜花头”，可以用来烹肉。

大头菜

大头菜出南京承恩寺，愈陈愈佳。入荤菜中，最能发鲜。

【译】大头菜出产自南京承恩寺，越陈越好。放入荤菜中，能使菜的鲜味最大限度地发挥出来。

萝卜

萝卜取肥大者，酱一二日即吃，甜脆可爱。有侯尼能制为鲞，剪片如蝴蝶，长至丈许，连翩不断，亦一奇也。承恩寺有卖者，用醋为之，以陈为妙。

【译】萝卜选又肥又大的酱一两天就可以吃了，甜脆可爱。有个叫侯尼的人能把萝卜制成菜干，剪成像蝴蝶一样的薄片，有一丈多长，但却连翩不断，这也是一件稀奇的事啊。承恩寺有卖萝卜的是用醋来腌的，以腌的时间越长越好。

乳腐

乳腐，以苏州温将军庙前者为佳，黑色而味鲜，有干、湿二种。有虾子腐亦鲜，微嫌腥耳。广西白乳腐最佳。王库官家制亦妙。

【译】乳腐以苏州温将军庙前卖的为好，黑色且味道鲜美。有干、湿两种。有一种虾子乳腐也很鲜，只是略微有一点腥味。广西白乳腐最好。王库官家做的也很妙。

酱炒三果

核桃、杏仁去皮，榛子不必去皮。先用油炮脆，再下酱，不可太焦。酱之多少，亦须相物而行。

【译】核桃、杏仁去皮，榛子不必去皮。先用油炸脆，再下酱，注意不要炸得太焦。酱的多少，也要根据原料多少来定。

酱石花

将石花洗净入酱中，临吃时再洗。一名“麒麟菜[①]”。

【译】把石花菜洗干净放入酱中，临吃时再洗去酱汁。石花菜还有一个名字叫“麒麟菜”。

石花糕

将石花熬烂作膏，仍用刀划开，色如蜜蜡。

【译】把石花菜熬烂做成膏，吃时仍用刀划开。石花糕颜色像蜜蜡一样。

小松蕈

将清酱同松蕈入锅滚熟，收起，加麻油，入罐中。可食二日，久则味变。

【译】将清酱同松蕈一起入锅，烧开至熟，收起，加麻油，放入罐中。可以吃两天，时间长了就变味了。

吐蛈[②]

吐蛈出兴化、泰兴。有生成极嫩者，用酒娘浸之，加糖，则自吐其油，名为“泥螺”，以无泥为佳。

【译】吐蛈出产自江苏兴化、泰兴。有一种吐蛈，天生就很鲜嫩，用酒酿浸泡，加糖，它就会自己吐出泥来，名字叫“泥螺”。但还是以无泥的吐蛈为好。

---

① 麒麟菜：分布于我国海南岛、西沙群岛等海域。富含胶质，可提取琼胶，供食用和作为工业原料。

② 吐蛈（tiě）：即“吐铁”，俗称“黄泥螺”。

海蛰[1]

用嫩海蛰，甜酒浸之，颇有风味。其光者名为“白皮”，作丝，酒、醋同拌。

【译】选取嫩海蜇，用甜酒浸泡，吃起来颇有风味。海蛰表皮光滑的叫作“白皮”，可切成丝，用酒、醋一起拌。

虾子鱼

子鱼出苏州，小鱼生而有子。生时烹食之，较美于鲞。

【译】虾子鱼产自苏州，这种小鱼天生就带有鱼子。活鱼烹食，比做成鱼鲞要好吃。

酱姜

生姜取嫩者微腌，先用粗酱套之，再用细酱套之，凡三套而始成。古法，用蝉退[2]一个入酱，则姜久而不老。

【译】选取嫩生姜稍微腌一下，先涂上一层粗酱，再涂上一层细酱，总共涂抹三层才算完成。古法说，酱里加放一个蝉蜕，则生姜即使酱得时间久一些也不会老。

酱瓜

酱瓜腌后风干，入酱，如酱姜之法。不难其甜，而难其脆。杭州施鲁箴家，制之最佳。据云酱后晒干，又酱，故皮薄而皱，上口脆。

【译】做酱瓜须先腌再风干，然后再酱，如同酱姜的方

① 海蛰：海蜇。

② 蝉退：应为“蝉蜕”，即知了壳。

法。做时使酱瓜吃起来甜不困难，困难的是使酱瓜上口脆。杭州施鲁箴家做的酱瓜最好吃。据说是酱后晒干，再酱，因而做成的酱瓜皮薄发皱，上口甘脆。

新蚕豆

新蚕豆之嫩者，以腌芥菜炒之，甚妙。随采随食方佳。

【译】选取嫩的新蚕豆，和腌芥菜一起炒，很好吃。随采随吃那才是好。

腌蛋

腌蛋以高邮[1]为佳，颜色红而油多。高文端公最喜食之，席间先夹取以敬客。放盘中，总宜切开带壳，黄、白兼用；不可存黄去白，使味不全，油亦走散。

【译】腌蛋以高邮出产的为佳，颜色发红油也较多。高文端先生最喜欢吃腌蛋，宴席间总是先夹一块腌蛋敬客。腌蛋上席时，一般都要带壳切开，蛋黄蛋白都有，不要只要黄不要白，否则会使味道不全，油也容易走散。

混套

将鸡蛋外壳微敲一小洞，将清、黄倒出，去黄用清，加浓鸡卤[2]煨就者拌入，用箸打良久，使之融化，仍装入蛋壳中。上用纸封好，饭锅蒸熟，剥去外壳，仍浑然一鸡卵。此味极鲜。

---

① 高邮：县名。在江苏省。当地养鸭业发达，以产鸭蛋著名。

② 浓鸡卤：已经吊好的浓鸡汤。

【译】把鸡蛋外壳轻轻敲一个小洞，将蛋清和蛋黄倒出来，去掉黄只用清，加入已经煨好的浓鸡汤，用筷子多搅打一会儿，使蛋清融化在鸡汤里，再装回蛋壳。上面用纸封好，在饭锅里蒸熟。吃时剥去外壳，仍然像一个完整的鸡蛋。这道菜味道极其鲜美。

茭瓜脯

茭瓜入酱，取起风干，切片成脯，与笋脯相似。

【译】茭瓜放进酱里腌制好，取出来，风干，切片，做成脯，味道与笋脯相似。

牛首腐干

豆腐干以牛首僧制者为佳，但山下卖此物者有七家，惟晓堂和尚家所制方妙。

【译】豆腐干以牛首僧做的为最好，但山下卖这个东西的有七家，只有晓堂和尚家做的才好吃。

酱王瓜

王瓜初生时，择细者腌之入酱，脆而鲜。

【译】王（黄）瓜刚长出来时，挑长得比较细的入酱腌制，吃起来脆而鲜。

点心单

梁昭明[①]以点心为小食，郑傪嫂劝叔“且点心”，由来旧矣。作《点心单》。

【译】梁昭明太子把点心当作小食，郑傪嫂劝小叔子先吃点儿点心，可见点心由来已久。因此写了《点心单》。

鳗面

大鳗一条蒸烂，拆肉去骨，和入面中，入鸡汤清揉之，擀成面皮，小刀划成细条，入鸡汁、火腿汁、蘑菇汁滚。

【译】大鳗鱼一条蒸烂，去掉骨头，把拆下来的肉和入面中，用清一点的鸡汤和好面，擀成面皮，用小刀划成细面条，加入鸡汁、火腿汁、蘑菇汁里滚煮。

温面

将细面下汤，沥干，放碗中。用鸡肉、香蕈浓卤，临吃各自取瓢加上。

【译】细面下汤锅，熟后捞出沥干，放碗中。用鸡肉、香蕈做成浓卤，临吃时各自用瓢加在面上。

鳝面

熬鳝成卤，加面再滚。此杭州法。

【译】把鳝鱼熬成卤，加入面条后再滚煮。这是杭州的

① 梁昭明：即萧统（公元501—531年），南北朝梁武帝之长子，谥昭明太子。他曾带一批御厨到扬州研究菜肴和点心之类，将点心列为小食。著有《昭明小集》等。

做法。

裙带面

以小刀截面成条，微宽，则号“裙带面”。大概作面总以汤多为佳，在碗中望不见面为妙。宁使食毕再加，以便引人入胜。此法扬州盛行，恰甚有道理。

【译】用小刀把擀好的面切成面条，稍微宽一点，就是“裙带面”。大概做面条时总是以汤多为佳，在碗中看不见面为妙。宁可使人吃完再加，引人入胜（不要因为一次吃得太多而使人生厌）。这种吃法在扬州很盛行，恰恰是因为其中很有道理。

素面

先一日将蘑菇蓬熬汁，澄清，次日将笋熬汁加面滚上。此法扬州定慧庵僧人制之极精，不肯传人。然其大概亦可仿求。其纯黑色的，或云暗用虾汁、蘑菇原汁，只宜澄去泥沙，不重换水；一换水则原味薄矣。

【译】头一天先用蘑菇伞盖熬汁，澄清，第二天再用笋熬汁，把两种汁加在面上烧滚到熟。扬州定慧庵的僧人用这种方法做出的面条极为精到，方法却不肯传给别人。但其做法大致上可以模仿出来。其纯黑色的汤汁，有人说可能用的是虾汁和蘑菇原汁。用这两种汁时只可以澄去泥沙，不需要重复换水，一换水原味就淡薄了。

蓑衣饼

干面用冷水调，不可多揉，擀薄后卷拢，再擀薄了，用猪油、白糖铺匀，再卷拢，擀成薄饼，用猪油煎黄。如要咸的，用葱、椒、盐亦可。

【译】用冷水干面和，不要多揉，擀薄后卷拢起来，再擀薄，然后用猪油、白糖铺匀，再卷拢，擀成薄饼，用猪油煎黄。如果要吃咸味的，用葱、椒、盐也可以。

虾饼

生虾肉，葱、盐、花椒、甜酒脚少许，加水和面，香油灼透。

【译】生虾肉，葱、盐、花椒、甜酒脚少许，加水和面，用香油烙透。

薄饼

山东孔藩台[1]家制薄饼，薄若蝉翼，大若茶盘，柔腻绝伦。家人如其法为之，卒不能及，不知何故。秦人制小锡罐装饼三十张。每客一罐。饼小如柑。罐有盖，可以贮。馅用炒肉丝，其细如发，葱亦如之，猪、羊并用，号曰“西饼”。

【译】山东孔藩台家做的薄饼，薄如蝉翼，大若茶盘，柔软细腻无与伦比。我的家人按照他的方法来做，却怎么也赶不上人家的水平，不知是什么原因。秦人制作了一种小锡罐装饼，每罐装三十张，每位客人送一罐。饼跟柑子一般大

① 藩台：明清时“布政使”的别称。

小。罐上带有盖子，可以把饼收藏起来。馅用炒肉丝，肉丝切得跟头发一样细，葱也一样，并且是猪肉和羊肉一起用。他们把这种饼叫作“西饼”。

松饼

南京莲花桥，教门方店最精。

【译】以南京莲花桥教门方店卖的松饼最为精美。

面老鼠[①]

以热水和面，俟鸡汁滚时，以箸夹入，不分大小，加活菜心，别有风味。

【译】用热水和好面，等鸡汤滚开时，以筷子夹成块放进去，不在乎大小，再加上鲜菜心，吃起来别有风味。

颠不棱[②]

（即肉饺也）

糊面摊开，裹肉为馅，蒸之。其讨好处，全在作馅得法，不过肉嫩、去筋、作料而已。余到广东，吃官镇台颠不棱，甚佳。中用肉皮煨膏为馅，故觉软美。

【译】面糊摊开，裹上肉馅，蒸熟。这种做法讨巧的地方，全在馅做得很得法，但也不过是肉嫩去筋、作料合适而已。我到广东吃过官镇台的颠不棱，很好，中间用肉皮煨成的膏作馅，所以觉得又软又美。

---

① 面老鼠：俗称“面疙瘩”，可荤汤加菜煮，也可白水煮食，加糖食。

② 颠不棱：肉饺的名字。

肉馄饨

作馄饨，与饺同。

【译】做馄饨与做饺子的方法相同。

韭合

韭菜切末拌肉，加作料，面皮包之，入油灼之。面内加酥更妙。

【译】韭菜切成末拌肉，加上作料，用面皮包起来，放入油里炸一下。面里加点酥油更好吃。

糖饼

糖水溲[1]面，起油锅令热，用箸夹入，其作成饼形者，号“软锅饼”。杭州法也。

【译】用糖水和面，起锅把油烧热，用筷子把面饼一块块夹进去，其中做成饼形的，叫作“软锅饼”。这是杭州的做法。

烧饼

用松子、胡桃仁敲碎，加糖屑、脂油和面，炙之，以两面煎黄为度，面加芝麻。扣儿[2]会做。面箩至四五次，则白如雪矣。须用两面锅，上下放火。做奶酥更佳。

【译】把松子、胡桃仁敲碎，加上糖屑、脂油一起和到面里，用锅烤，以烤到两面黄为止，烧饼面上沾上芝麻。我

① 溲（sōu）：浸，泡。

② 扣儿：人名。

们家的扣儿会做。面在箩里筛四五次，就会像雪一样白。必须用两面锅，上下都放上火。用这种方法做奶酥更好吃。

千层馒头

杨参戎家制馒头[①]，其白如雪，揭之如有千层。金陵人不能也。其法扬州得半，常州、无锡亦得其半。

【译】杨参戎家做的馒头，跟雪一样白，揭起来如有千层。南京人做不出来。其制作方法扬州人学到了一半，常州、无锡人也学到了一半。

面茶

熬粗茶汁，炒面兑入，加芝麻酱亦可，加牛乳亦可，微加一撮盐。无乳则加奶酥、奶皮亦可。

【译】把粗茶叶熬成汁，再把炒面兑进去，加芝麻酱也可以，加牛奶也可以，稍微加一撮盐。没有牛奶加奶酥、奶皮也可以。

杏酪[②]

捶杏仁作浆，挍[③]去渣，拌米粉，加糖熬之。

【译】把杏仁捶碎，加水成浆，滤去渣子，拌上米粉，加糖熬制。

粉衣

如作面衣之法。加糖、加盐俱可，取其便也。

---

① 参戎：明清武官参将，参谋军务，俗称参戎。

② 酪：用牛、羊、马乳汁做成的半凝固食品。

③ 挍（jiào）：古同“校”。

【译】与做面衣的方法相同。加糖、加盐都可以。

竹叶粽

取竹叶裹白糯米煮之，尖小，如初生菱角。

【译】用竹叶裹上白糯米，煮熟。这种粽子又尖又小，好像刚长出来的菱角。

萝卜汤团

萝卜刨丝，滚熟去臭气，微干，加葱、酱拌之，放粉团中作馅，再用麻油灼之，汤滚亦可。春圃方伯家制萝卜饼，扣儿学会。可照此法作韭菜饼、野鸡饼试之。

【译】萝卜刨成丝，水中滚熟除去臭气，稍微晾干，加葱、酱调拌，放在粉团里做成馅。粉团用麻油炸一下，或者在开水中滚熟也可以。春圃方伯家做萝卜饼的方法，扣儿已经学会。可尝试着比照这个方法做韭菜饼、野鸡饼。

水粉汤团

用水粉[1]和作汤团，滑腻异常。中用松仁、核桃、猪油、糖作馅；或嫩肉去筋丝捶烂，加葱末、秋油作馅亦可。作水粉法：以糯米浸水中一日夜，带水磨之，用布盛接，布下加灰，以去其渣，取细粉晒干用。

【译】把水粉和成汤团，滑腻异常。中间用松仁、核桃、猪油、糖做成馅，或者把嫩肉去掉筋丝后捶烂，加上葱末、酱油做成馅也可以。做水粉的方法是：把糯米在水中浸

① 水粉：即水磨粉。

一天一夜，带水用磨磨，用布盛接米浆，布下加灰，以滤去米渣。得到的细粉晒干后就可以用了。

脂油糕

用纯糯粉拌脂油，放盘中蒸熟，加冰糖捶碎，入粉中，蒸好用刀划开。

【译】用纯糯米粉拌上脂油，粉中加入捶碎的冰糖，放在盘中蒸熟，蒸好后用刀划开。

雪花糕

蒸糯饭捣烂，用芝麻屑加糖为馅，打成一饼，再切方块。

【译】蒸好的糯米饭再捣烂，把芝麻屑加糖做成馅加进去，搅打成饼，再切成方块。

软香糕

软香糕，以苏州都林桥为第一。其次虎邱糕、西施家为第二。南京南门外报恩寺则第三矣。

【译】软香糕，以苏州都林桥做的为第一，虎丘糕、西施家所做的为第二，南京南门外报恩寺只能排第三了。

百果糕

杭州北关外卖者最佳，以粉糯，多松仁、胡桃，而不放橙丁者为妙。其甜处，非蜜非糖，可暂可久，家中不能得其法。

【译】杭州北关外卖的百果糕最好吃，其中以米粉软糯、松仁多、胡桃多，并且不放橙丁的为好。那种甜味，非蜜非糖，放的时间，可暂可久，家中得不到它的制作方法。

栗糕[1]

煮栗极烂，以纯糯粉加糖为糕，蒸之，上加瓜仁、松子。此重阳小食也。

【译】把栗子煮到极烂，用纯糯米粉加上糖做成糕，蒸熟，糕上面加上瓜仁、松子。这是重阳节时的小吃。

青糕、青团[2]

捣青草[3]为汁，和粉作粉团，色如碧玉。

【译】用青草捣成的汁和粉，做成粉团，颜色如同碧玉。

合欢饼

蒸糕为饭，以木印印之，如小珙[4]璧[5]状，入铁架熯[6]之。微用油，方不粘架。

【译】把蒸好的米饭做成糕，用木模塑成小珙璧的样子，放在铁架子上烤干。稍微抹点油，糕就不会粘在铁架子上。

① 栗糕：北方重阳节佳点，有所谓“重阳佳节好题糕”之称。

② 青糕、青团：此为江浙地区清明节必食之佳点。现只做青团，青糕早已不做。

③ 草：疑为“菜”。

④ 珙（gǒng）：指大璧。

⑤ 璧（bì）：古玉器名。平圆形，正中有孔。

⑥ 熯（hàn）：微油烘干。

鸡豆[1]糕

研碎鸡豆，用微粉为糕，放盘中蒸之。临食，用小刀片开。

【译】把鸡豆研碎，加一点粉做成糕，放在盘中蒸熟。临吃时，用小刀切开。

鸡豆粥

磨碎鸡豆为粥，鲜者最佳，陈者亦可。加山药、茯苓尤妙。

【译】把鸡豆磨碎做成粥，用鲜鸡豆最好，陈的也可以。加上山药、茯苓尤其好吃。

金团

杭州金团，凿木为桃、杏、元宝之状，和粉搦[2]成，入木印中便成。其馅不拘荤素。

【译】做杭州金团，先得把木头雕成桃、杏、元宝形状的模子，和好米粉，用手压进模子里就可以了。用馅不论荤素，均可。

藕粉、百合粉

藕粉非自磨者，信之不真。百合粉亦然。

【译】藕粉如果不是自家磨的，不能信为是真。百合粉

---

① 鸡豆：即“芡实”，又名“鸡头米”，为睡莲科的一种水生植物的果实。我国中部、南部各省均有，但以苏州广天荡产的最佳。新时外壳色鲜，状似鸡头，故称此名。可供食用或酿酒，亦可作药用。

② 搦（nuò）：用手握捏或用双手掌来回按压。

也是如此。

麻团

蒸糯米捣烂为团，用芝麻屑拌糖作馅。

【译】糯米蒸好，捣烂，做成团，用芝麻屑拌上糖做馅。

芋粉团

磨芋粉晒干，和米粉用之。朝天宫道士制芋粉团，野鸡馅，极佳。

【译】磨好的芋粉晒干，和米粉一起做成团。朝天宫道士做的芋粉团，以野鸡肉做馅，特别好。

熟藕

藕须灌米加糖自煮，并汤极佳。外卖者多用灰水，味变不可食也。余性爱食嫩藕，虽软熟，而以齿决，故味在也。如老藕，一煮成泥，便无味矣。

【译】藕里面必须灌上米加上糖，自家煮熟，连汤都很好喝。外面卖的多是用灰水来煮，味道也变得不可口了。我天生爱吃嫩藕，虽然煮熟后很软，但仍然能用牙嚼，因而藕的原味还保留着。如果是老藕，一煮就成了泥，便没有味道了。

新栗、新菱

新出之栗烂煮之，有松子仁香。厨人不肯煨烂，故金陵人有终身不知其味者。新菱亦然。金陵人待其老方食故也。

【译】新收获的栗子煮烂吃，有松子仁的香味。厨师不肯把栗子煨烂，因而南京有一辈子都不知道这个味道的人。

他们也不知道新收获的菱角的味道，是因为南京人都是等它老了才吃的缘故。

莲子

建莲虽贵，不如湖莲之易煮也。大概小熟，抽心去皮后，下汤用文火煨之，闷住合盖，不可开视，不可停火。如此两炷香，则莲子熟时不生骨[1]矣。

【译】建莲虽然价钱很贵，却不如湖莲容易煮熟。大概其把莲子煮到有点熟，去掉莲心和外皮，然后下到开水里用文火煨熟。要盖好盖，中途不要打开看，火也不要停。这样煮两炷香工夫，则莲子熟时一点都不夹生。

芋

十月天晴时，取芋子、芋头晒之极干，放草中，勿使冻伤。春间煮食，有自然之甘。俗人不知。

【译】十月天晴时，把芋子、芋头晒到特别干，放在草中，不要使它冻伤。春天里煮着吃，有自然的甘甜。一般人不知道。

萧美人点心

仪真南门外萧美人善制点心，凡馒头、糕、饺之类，小巧可爱，洁白如雪。

【译】仪真南门外萧美人擅长做点心，凡是馒头、糕点、饺子之类，都做得小巧可爱，洁白如雪。

① 不生骨：意为不僵，即为不夹生。

刘方伯月饼

用山东飞面[1]，作酥为皮，中用松仁、桃桃仁、瓜子仁为细末，微加冰糖和猪油作馅。食之，不觉甚甜，而香松柔腻，迥异寻常。

【译】用山东生产的精面粉做酥皮，中间用松仁、桃桃仁、瓜子仁的细末，稍微加一点冰糖和猪油作馅。吃起来不觉得很甜，但是香松柔腻，和平常所见的月饼大不一样。

陶方伯十景点心

每至年节，陶方伯夫人手制点心十种，皆山东飞面所为。奇形诡状，五色纷披。食之皆甘，令人应接不暇。萨制军[2]云："吃孔方伯薄饼，而天下之薄饼可废；吃陶方伯十景点心，而天下之点心可废。"自陶方伯亡，而此点心亦成《广陵散》[3]矣。呜呼！

【译】每到过年过节，陶方伯夫人都亲手制做点心十种，都用山东精面粉做成，奇形怪状，五色缤纷。每一样都甘甜可口，令人应接不暇。萨制军说道："吃过孔方伯的薄饼，天下的其他薄饼就都可以不吃了；吃过陶方伯的十景点心之后，天下的其他点心也都可以不吃了。"自从陶方伯去世后，他做的点心也成了绝唱的《广陵散》了。可惜啊！

---

① 飞面：指一种细白的精面粉。古时北方机轧或用筛子筛面粉时随风纷飞之粉，细且白，用于制食细腻柔糯，故俗称"飞面"。

② 制军：清代对总督的称呼。

③ 《广陵散》：琴曲名。晋之嵇（jī）康善弹此曲，但不肯传人。嵇康死后此曲也绝。

杨中丞西洋饼

用鸡蛋清和飞面作稠水，放碗中。打铜夹剪一把，头上作饼形，如碟大，上下两面，铜合缝处不到一分。生烈火烘铜夹，撩稠水，一糊，一夹，一熯，顷刻成饼。白如雪，明如绵纸。微加冰糖、松仁屑子。

【译】把鸡蛋清和精面粉调成面糊，放在碗中。打制一把铜夹剪，夹剪头做成饼的形状，跟碟子一样大，上下两面合起来，中间留出不到一分的空隙。生上烈火烘烤铜夹，倒进面糊，两面一夹，放火上一烤，顷刻之间就做成了一张饼。饼白如雪，明亮如绵纸。糊中可稍微加点冰糖、松仁屑子。

白云片

南殊锅巴，薄如绵纸。如油炙之，微加白糖，上口极脆。金陵人制之最精，号“白云片”。

【译】白米锅巴，薄得像绵纸一样。如用油煎一下，稍微加一点白糖，上口很脆。南京人做的最精到，称作“白云片”。

风枵[①]

以白粉浸透，制小片，入猪油灼之。起锅，加糖糁之，色白如霜，上口而化。杭人号曰“风枵”。

【译】把白面发酵好，做成小片，放入猪油里炸。起锅时，在面上撒上白糖，色白如霜，入口即化。杭州人把这种

① 枵（xiāo）：中心空虚的树根。引申为空虚。

食品叫作“风枵”。

三层玉带糕[1]

以纯糯粉作糕，分作三层：一层粉，一层猪油、白糖，夹好蒸之，蒸熟切开。苏州人法也。

【译】用纯糯米粉做糕，分成三层：一层粉，一层猪油和白糖，上面再用一层粉夹好，蒸熟后切开。这是苏州人的做法。

运司糕

卢雅雨作运司[2]年已老矣。扬州店中作糕献之，大加称赏。从此，遂有“运丝糕”之名。色白如雪，点胭脂、红如桃花。微糖作馅，淡而弥旨[3]。以运司衙门前店作为佳。他店粉粗色劣。

【译】卢雅雨任运司的时候年纪已经大了，扬州店铺做了一种糕献给他品尝，他大加赞赏。从此，这种糕便有了“运司糕”的美名。运司糕色白如雪，点在面上的胭脂，红如桃花，用一点糖做馅，味道虽淡却很绵长。以运司衙门前店做的运司糕点最好，其他店做的则粉粗色劣。

沙糕

糯粉蒸糕，中夹芝麻、糖屑。

【译】把糯米粉蒸成糕，中间夹上芝麻、糖屑做的馅。

---

① 三层玉带糕：同现在的“白糖猪油糕”之类相似。

② 运司：官名，管理漕运。

③ 弥旨：更加味美。

小馒头、小馄饨

作馒头如胡桃大，就蒸笼食之。每箸可夹一双。扬州物[①]也。扬州发酵最佳。手捺[②]之不盈半寸，放松仍隆然而高。小馄饨小如龙眼，用鸡汤下之。

【译】把馒头做得跟胡桃一样大，就着蒸笼吃，每次下筷子可夹起一双来。这是扬州的东西。扬州人面发酵得最好，手按下去还不到半寸，松开手仍然隆高起来。小馄饨小得像龙眼一样，下在鸡汤里面煮食。

雪蒸糕法

每磨细粉，用糯米二分，粳米八分为则。一拌粉，将粉置盘中，用凉水细细洒之，以捏则如团、撒则如砂为度。将粗麻筛筛出，其剩下块搓碎，仍于筛上尽出之，前后和匀，使干湿不偏枯[③]。以巾覆之，勿令风干日燥，听用（水中酌加上洋糖[④]，则更有味。拌粉与市中枕儿糕法同）。一锡圈及锡钱[⑤]，俱宜洗剔极净。临时，略将香油和水，布蘸拭之。每一蒸后，必一洗一拭。一锡圈内将锡钱置妥，先松装粉一小半，将果馅轻置当中，后将粉松装满圈，轻轻搅平，套汤

---

① 扬州物：指扬州小笼，很著名。其特点是：酵面嫩，皮子松软，爽滑不粘牙；皮薄，馅大卤多，用料讲究；裥纹清晰，形态美观，口味鲜美。著名点心有蟹粉小笼、淮扬汤包、三丁包等。

② 捺（nà）：指用手按。

③ 偏枯：指失去水分。

④ 洋糖：即现今的白糖。

⑤ 锡圈及锡钱：用来蒸糕的一种锡制模型。

瓶上，盖之，视盖口气直冲为度。取出覆之，先去圈，后去钱，饰以胭脂两圈。更递为用。一汤瓶宜洗净，置汤分寸以及肩为度。然多滚则汤易涸，宜留心看视，备热水频添。

【译】每次磨细粉，都要以糯米二分、粳米八分为原则。先说拌粉。拌粉时将粉放在盘中，用凉水一点点洒匀，拌到手捏则成团，撒开则如沙就好了。把拌好的粉用麻筛筛出，剩下的粉块搓碎，仍然用筛子筛出，直到全部筛尽，再把前后筛出的粉和匀，达到干湿适宜，然后用布巾盖上，不能风吹日晒，等着用（如果水中酌量加上些白糖，就更有味。拌粉的方法与市面上枕儿糕的方法相同）。再说锡圈和锡钱，都应当洗剔得特别干净。临用时，准备一点香油和水，用布蘸着擦一擦。每次蒸完后，一定要再洗一次擦一次。最后是把锡钱在锡圈内放妥当，先松松地装一小半粉，再把果馅轻轻放在当中，最后把粉松松地装满圈，轻轻抹平，锡圈一层套一层，放在热水锅上，盖好，以看到盖口的蒸汽直往上冲为度。蒸好后取出，倒过来，先去掉锡圈，后去掉锡钱，糕上画两圈胭脂作为装饰。锡圈锡钱可以轮换着用。热水锅一定要洗净，放水的多少以到锅肩为度。因为多次滚开锅里的水容易烧干，所以应当留心察看，同时备好热水不断添进锅里。

作酥饼法

冷定脂油一碗，开水一碗，先将油同水搅匀，入生面尽揉，要软，如擀饼一样；外用蒸熟面入脂油，合作一处，不要硬了；然后将生面作团子，如核桃大，将熟面亦作团子，略小一晕[①]；再将熟面团子包在生面团子中，擀成长饼，长可八寸，宽二三寸许，然后折叠如碗样，包上穰子[②]。

【译】冷凝的脂油一碗，开水一碗。先用一部分油和开水搅匀，倒入生面里，多揉一会儿，要软，和擀饼一样；再把蒸熟的面和脂油和在一起，不要硬了；然后把生面做成跟核桃一样大的团子，把熟面也做成团子，略小一圈；再将熟面团子包在生面团子里，擀成长饼，长可八寸，宽二三寸，然后折叠成碗的样子，包上馅料。

天然饼

泾阳张荷塘明府家制天然饼，用上白飞面，加微糖及脂油为酥，随意搦成饼样，如碗大，不拘方圆，厚二分许。用洁净小鹅子石衬而熯之，随其自为凹凸，色半黄便起。松美异常。或用盐亦可。

【译】泾阳张荷塘明府家制作天然饼的方法是，用上等的精面粉加一点糖及脂油做成酥面。用手随意压成饼样，跟碗一样大，不论方圆，厚二分许。把洁净的小鹅卵石衬在锅底，把饼放在石子上烙，让饼随着石子的高低而自然凹凸，颜色半黄就可以出锅了。这种饼特别酥松可口。或者加盐也

---

① 一晕：一圈。

② 穰（ráng）子：同“瓤”，指馅心。

可以。

花边月饼

明府家制花边月饼，不在山东刘方伯之下。余尝以轿迎其女厨来园制造，看用飞面拌生猪油子团，百搦，才用枣肉嵌入为馅，裁如碗大，以手搦其四边菱花样；用火盆两个，上下覆而炙之。枣不去皮，取其鲜也。油不先熬，取其生也。含之上口而化、甘而不腻、松而不滞，其功夫全在搦中，愈多愈妙。

【译】张明府家做的花边月饼，水平不在山东刘方伯之下。我曾用轿子把他家的女厨子接到我家里来做，看到她用精面粉拌上生猪油和面，来回揉捏，最后才把枣肉当馅包进面里，裁成碗一样大，用手在四边捏出菱花样；准备两个火盆，上下相扣，把饼放在中间烤熟。枣不去皮，是为了保留它的鲜味。猪油不先熬熟，是为了保留它的生味。这种月饼入口即化、甜而不腻、松而不滞，全在于揉面的功夫，揉捏的次数越多越好吃。

制馒头法

偶食新明府馒头，白细如雪，面有银光，以为是北面之故。龙云不然，面不分南北，只要箩得极细，箩筛至五次，则自然白细，不必北面也。惟做酵最难。请其庖人来教，学之，卒[1]不能松散。

---

① 卒：终于。

【译】偶然吃到新明府家的馒头，白细如雪，面有银光，以为是用北方面粉的缘故。龙认为其实不然，面粉不分南北，只要筛得特别细，筛到五次，自然又白又细，不一定非要北方面粉。还是做酵子最难。请他家厨师来教，学了，但蒸出的馒头仍然不能做到又松又暄。

扬州洪府粽子

洪府制粽，取顶高糯米，检其完善长白者，去其半颗散碎者，淘之极熟，用大箬[①]叶裹之，中放好火腿一大块；封锅闷煨一日一夜，柴薪不断。食之滑腻、温柔，肉与米化。或云：即用火腿肥者斩碎，散置米中。

【译】洪府制作粽子，用的都是最好的糯米，选出整粒长白的，去掉半颗散碎的，再淘很多次，用大箬叶裹起来，中间放上一大块好火腿；装锅封好，焖煨一天一夜，中间不断柴薪。这种粽子吃起来滑腻柔软，肉与米完全融合在一起。也有一种说法，就是把肥火腿斩碎，掺和在米中。

① 箬（ruò）：一种竹子，叶大而宽，可编竹笠，又可用来包粽子。

饭粥单

粥饭，本也，馀菜，末也。本立而道生。作《饭粥单》。

【译】粥饭，是饮食的根本，菜点，是饮食的余末。本立才能产生思想方法，因此写了《饭粥单》。

饭

王莽云：“盐者，百肴之将。”余则曰：“饭者，百味之本。”《诗》称：“释之溲溲，蒸之浮浮[1]”，是古人亦吃蒸饭，然终嫌米汁不在饭中。善煮饭者，虽煮如蒸，依旧颗粒分明，入口软糯。其诀有四：一要米好，或“香稻”，或“冬霜”，或“晚米”，或“观音籼”，或“桃花籼”，舂[2]之极熟，霉天风摊播之，不使惹霉发疹；一要善淘，淘米时不惜工夫，用手揉擦，使水从箩中淋出，竟成清水，无复米色；一要用火，先武后文，闷起得宜；一要相米放水，不多不少，燥湿得宜。往往见富贵人家，讲菜不讲饭，逐末忘本，真为可笑。余不喜汤浇饭，恶失饭之本味故也。汤果佳，宁一口吃汤，一口吃饭，分前后食之，方两全其美。不得已，则用茶、用开水淘之，犹不夺饭之正味。饭之甘，在百味之上；知味者，遇好饭不必用菜。

【译】王莽说：“盐是百肴的首领。”我则说：“饭

---

① 释之溲溲，蒸之浮浮：《诗经·大雅·生民》中的诗句。释之，这里指取来淘洗的意思。溲溲，淘米擦洗声。蒸之浮浮，指米受热后涨发浮起。

② 舂（chōng）：把谷类的皮捣掉。

是百味的根本。”《诗经》里说：“淘米的声音溲溲，蒸饭的热气浮浮。”可见古人也吃蒸饭，但我终究觉得蒸饭不好吃，是因为米汁不在饭里。善于煮饭的人，虽然是煮，却跟蒸出来的饭一样，依旧颗粒分明，入口软糯。其诀窍有四条：一是要米好，或者是“香稻”，或者是“冬霜”，或者是“晚米”，或者是“观音籼”，或者是“桃花籼”，舂得极细，不带一点稻壳。阴雨天在风口摊开扬播，不要使米发霉变质。一要善于淘洗，淘米时要不惜工夫，用手揉搓，要使从箩中流出的淘米水一直变成清水，不带一点米色。一是要善于用火，先武后文，焖饭的时间和出锅的时机都很合适。一是要根据米的多少放水，不多不少，干湿得宜。往往见富贵人家，讲究吃菜却不讲究吃饭，这才真是舍本逐末，很是可笑。我不喜欢汤浇饭，是嫌这种吃法失去了饭本来的味道。汤果真好喝，宁可一口喝汤，吃一口饭，分前后来吃，这才叫两全其美。实在不得已，就用茶或开水泡饭，这样就不会夺走饭的正味。米饭的甘甜，在百味之上；懂得品尝的人，遇到好饭根本不必吃菜。

粥

见水不见米，非粥也；见米不见水，非粥也。必使水米融洽，柔腻如一，而后谓之粥。尹文端公曰：“宁人等粥，毋粥等人。”此真名言，防停顿而味变汤干故也。近有为鸭粥者，入以荤腥；为八宝粥者，入以果品。俱失粥之正味。

不得已，则夏用绿豆，冬用黍米，以五谷入五谷，尚属不妨。余尝食于某观察家，诸菜尚可，可饭粥粗粝[①]，勉强咽下，归而大病。尝戏语人曰："此是五藏神[②]暴落难，是故自禁受不得。"

【译】只见水不见米，不是粥；只见米不见水，也不是粥。一定要使水和米互相融合，柔腻如一，这才叫作粥。尹文端先生说："宁可让人等粥熟，也不要粥熟了等人吃。"这话真是至理名言啊，因为这样就可以防止因停放引起的味道变化和米汤干少。近来有做鸭粥的，把荤腥放到粥里；有做八宝粥的，把果品放到粥里。这都失去了粥的正味。不得已非要加点东西，那就夏天加绿豆，冬天加黍米，把五谷加到五谷里还算是不碍事。我曾经在某观察家吃饭，做的菜还可以，可是饭粥粗糙，我勉强咽下，回家后就大病一场。我经常和人家开玩笑说："这是五藏神突然落难，感觉无法忍受的缘故。"

---

① 粗粝（lì）：指粗糙。

② 五藏神：是指内脏人格化的戏称。五藏，指人的内脏。旧称心、肝、脾、肺、肾为"五脏"。

茶酒单

七碗生风，一杯忘世，非饮用六清[1]不可。作《茶酒单》。

【译】要做到七碗生风，一杯忘世，那非得饮用六清不可，因此写了《茶酒单》。

茶

欲治好茶，先藏好水。水求中泠、惠泉。人家中何能置驿而办[2]？然天泉水、雪水，力能藏之。水新则味辣，陈则味甘。尝尽天下之茶，以武夷山顶所生，冲开白色者为第一。然入贡尚不能多，况民间乎！其次，莫如龙井。清明前者，号“莲心”，太觉味淡，以多用为妙；雨前最好，一旗一枪，绿如碧玉。收法须用小纸包，每包四两，放石灰坛中，过十日则换石灰，上用纸盖扎住，否则气出而色味全变矣。烹时用武火，用穿心罐[3]，一滚便泡，滚久则水味变矣。停滚再泡，则叶浮矣。一泡便饮，用盖掩之，则味又变矣。此中消息，间不容发[4]也。山西裴中丞尝谓人曰：“余昨日过随园，才吃一杯好茶。”呜呼！公山西人也，能为

① 六清：即六饮。指水、浆、醴（lǐ）、醇（liáng）、醫（yī）、酏（yǐ）。语出《周礼·天官》：“膳用六牲，饮用六清”。醴，甜酒。醇，糗饭杂水。醫，没过滤的酒。酏，稀粥。

② 置驿而办：设置驿站去办事。驿，古时传递公文的人或来往官员中途暂住、换马的处所。

③ 穿心罐：一种中间凸起用来煮汤煮茶的陶器。

④ 间不容发：中间容不下一根头发，比喻相距极近。

此言。而我见士大夫生长杭州，一入宦场便吃熬茶，其苦如药，其色如血。此不过肠肥脑满之人吃槟榔法也。俗矣！除吾乡龙井外，余以为可饮者，胪列[1]于后。

【译】想冲泡出好茶，一定得先贮存好水。但如果都要求中泠、惠泉的水，平常人家中怎么可能如官府一般设置驿站专门去取水呢？然而雨水、雪水还是可以收贮的。水新则味辣，陈则味甘甜。我尝遍了天下的茶，认为要以武夷山顶出产的，冲开是白色的茶为第一。但这种茶进贡尚且不多，又何况民间！其次，就没有比龙井好的。清明前的龙井叫作"莲心"，感觉味道太淡，要多放一些才好；雨前龙井最好，一旗一枪，绿如碧玉。收存的方法是必须用小纸包，每包四两，放在石灰坛中，过十天换一次石灰，坛子上面用纸盖住扎紧，否则气跑出来，茶叶的颜色和味道就全变了。煮水时要用武火，用穿心罐，一烧滚就泡茶，滚的时间长了水的味道就变了，停滚了再泡茶叶就会浮起来。茶一泡立刻就饮，用盖盖起来味道又变了。这当中的奥妙，是一丝也不能改变的呀。山西裴中丞曾经对人说："我昨天经过随园，才喝了一杯好茶。"呜呼！裴公是山西人，都能说出这样的话，而我看到的却是，士大夫生长在杭州，一进入官场便喝起了熬茶，茶味苦得像药，色红如血。这不过是脑满肠肥的人吃槟榔的方法啊，太俗了！除了我家乡的龙井外，我以为

① 胪（lú）列：陈列。

可以饮用的茶，罗列在下面。

武夷茶

余向不喜武夷茶，嫌其浓苦如饮药。然丙午秋，余游武夷，到曼亭峰、天游寺诸处。僧道争以茶献。杯小如胡桃，壶小如香橼[①]。每斛无一两。上口不忍遽[②]咽，先嗅其香，再试其味，徐徐咀嚼而体贴之。果然清芬扑鼻，舌有馀甘。一杯之后，再试一二杯，令人释躁平矜[③]，怡情悦性。始觉龙井虽清，而味薄矣；阳羡虽佳，而韵逊矣。颇有玉与水晶，品格不同之故。故武夷享天下盛名，真乃不忝[④]。且可以瀹[⑤]至三次，而其味犹未尽。

【译】我一向不喜欢武夷茶，是嫌它茶味浓苦像喝汤药一样。但丙午年（公元1786年）秋天我游览武夷山，到曼亭峰、天游寺等地方。僧人道士争着献茶。他们用的杯子小如胡桃，茶壶小如香橼。每杯水不到一两，喝到嘴里使人不忍心马上咽下去，先闻一闻它的香，再试一试它的味，慢慢品尝体味，果然清芬扑鼻，舌有余甘。一杯之后，再喝一二杯，让人心情平和，性情怡悦。我这才觉得龙井虽然清雅，毕竟味道太薄；阳羡虽好而茶韵却稍逊一筹。颇有点玉与水

① 香橼（yuán）：即“枸橼”，属芸香科。

② 遽（jù）：急，仓猝。

③ 释躁平矜：释躁，解除烦躁。平矜，去掉傲气。

④ 忝（tiǎn）：有愧于。

⑤ 瀹（yuè）：沏；冲；泡。

晶比较，品格不同的意思。所以武夷茶在天下享有盛名，真正是受之无愧。并且冲泡了三次，其茶味仍然没有泡尽。

龙井茶

杭州山茶，处处皆清，不过以龙井为最耳。每还乡上冢[①]，见管坟人家送一杯茶，水清茶绿，富贵人所不能吃者也。

【译】杭州山上的茶，处处都很清香，不过以龙井为最好罢了。我每次返乡扫墓，见到管坟人家送上来的一杯茶，都是水清茶绿，这是富贵人家吃不到的东西呀。

常州阳羡[②]茶

阳羡茶，深碧色，形如雀舌，又如巨米。味较龙井略浓。

【译】阳羡茶呈深绿色，形如雀舌，又像特别大的米，味道较龙井略略浓一些。

洞庭君山[③]茶

洞庭君山出茶，色味与龙井相同。叶微宽而绿过之。采掇最少。方毓川抚军[④]曾惠[⑤]两瓶，果然佳绝。后有送者，俱

① 上冢（zhǒng）：扫墓。冢，坟墓。

② 阳羡：今江苏宜兴。战国时代称“荆溪”，秦汉时置名为“阳羡”，阳羡制茶，渊源流长，久负盛名，唐代始做贡茶。1591年许次纾所写的《茶疏》中云：“江南之茶，唐人首重阳羡”。

③ 君山：君山在岳阳市西南15公里的洞庭湖中，古称洞庭山、湘山、有缘山，是八百里洞庭湖中的一个小岛，与千古名楼岳阳楼遥遥相对，取意神仙“洞府之庭”。

④ 抚军：清代巡抚的别称，亦称抚院、抚台。

⑤ 惠：赠送。

非真君山物矣。

【译】洞庭湖中间的君山也产茶，颜色味道与龙井相同，叶子微宽但比龙井绿，这种茶采摘得特别少。方毓川抚军曾经送给我两瓶，果然非常好。后来还有人送，但都不是真正的君山茶。

此外，如六安、银针、毛尖、梅片、安化，概行[①]黜落[②]。

【译】此外，像六安、银针、毛尖、梅片、安化这些茶，我在这里就不予介绍了。

酒

余性不近酒，故律酒过严，转能深知酒味。今海内动行绍兴，然沧酒之清，浔酒之洌，川酒之鲜，岂在绍兴下哉！大概酒似耆老宿儒[③]，越陈越贵，以初开坛者为佳，谚所谓“酒头茶脚[④]”是也。炖法不及则凉，太过则老，近火则味变，须隔水炖，而谨塞其出气处才佳。取可饮者，开列于后。

【译】我生性不亲近酒，所以对酒的要求特别严格，这反而使我能深知酒中的滋味。现在社会上流行绍兴酒，然而沧酒之清，浔酒之洌，川酒之鲜，怎能在绍兴酒之下呢！大抵酒就像德高望重的耆老宿儒，越陈越贵，并且以刚开坛的

---

① 概行：一律施行。

② 黜（chù）落：旧指科场除名落第，落榜。这里有降、退之意。

③ 耆（qí）老宿儒：年高而有道德学问的人。耆，年高。

④ 酒头茶脚：这句话是说，酒吃开坛头批，香味浓郁；而茶要吃脚才佳。脚，后者的意思，指后沏的茶。

酒为佳，谚语所谓的“酒头茶脚”就是这个意思。热酒不到位就会发凉，热得太过就老了，靠近火则味道就变了，所以必须隔水热，并且要把出气的地方塞严实才可以。这里选几种可饮的酒，开列在后面。

金坛于酒

于文襄公家所造，有甜、涩二种，以涩者为佳。一清彻骨，色如松花。其味略似绍兴，而清洌过之。

【译】于文襄公家所酿之酒，有甜的和涩的两种，以涩的为佳，清洌彻骨，颜色像松花。味道有点像绍兴酒，但比绍兴酒更清洌。

德州卢酒

卢雅雨转运家所造，色如于酒，而味略厚。

【译】卢雅雨转运家所造，颜色同于酒，但味道更醇厚一些。

四川郫筒酒

郫[①]筒酒，清洌彻底，饮之如梨汁蔗浆，不知其为酒也。但从四川万里而来，鲜有不味变者。余七饮郫筒，惟杨笠湖刺史[②]木簰[③]上所带为佳。

【译】郫筒酒，非常清洌，饮之如同梨汁蔗浆，不觉得是饮酒。但这种酒从万里之外的四川运来，很少有不变味的。

① 郫（pí）：江名，在四川省。

② 刺史：清代用作知州的别称。

③ 簰（pái）：竹子或木材平摆着编扎起来，作为水上交通工具。

我七次饮郫筒酒，只有杨笠湖刺史通过木排带来的最好。

绍兴酒

绍兴酒，如清官廉吏，不参一毫假，而其味方真。又如名士耆英[①]，长留人间，阅尽世故，而其质愈厚。故绍兴酒不过五年者，不可饮；参水者，亦不能。过五年，余尝称绍兴酒为名士，烧酒为光棍。

【译】绍兴酒，如同清官廉吏，因为丝毫不掺假，它的味道才那么醇真；又像那些德高望重的名士，年高寿长，阅尽世故，其品质也因而愈加醇厚。因此绍兴酒存放不够五年的，不能饮；掺水的，亦不能饮。存放过了五年，我常说这样的绍兴酒就是名士，而那些烧酒就是光棍。

湖州南浔[②]酒

湖州南浔酒，味似绍兴，而清辣过之。亦以过三年者为佳。

【译】湖州的南浔酒，味道和绍兴酒相似，但比绍兴酒更清辣，也以存放超过三年的为好酒。

常州兰陵[③]酒

唐诗有“兰陵美酒郁金香，玉碗盛来琥珀光”之句。余

---

① 耆英：年高出众的人。耆，年高。英，英豪。

② 南浔：浙江湖州市辖区。地处中国长江三角洲中心，东接苏州吴江区和嘉兴桐乡市，南连德清县，西北与吴兴区接壤，北濒太湖，隔湖与无锡相望。南浔被誉为中国江南的封面，南浔古镇是江南六大古镇之一。

③ 兰陵：古县名。战国时在山东南部，唐朝时在今常州市西北。

过常州，相国[1]刘文定公饮以八年陈酒，果有琥珀之光。然味太浓厚，不复有清远之意矣。宜兴有蜀山酒，亦复相似。至于无锡酒，用天下第二泉所作，本是佳品，而被市井人[2]苟且为之，遂至浇淳散朴[3]，殊可惜也。据云有佳者，恰未曾饮过。

【译】唐诗有“兰陵美酒郁金香，玉碗盛来琥珀光”的句子。我经过常州时，相国刘文定先生请我喝八年的陈酒，果然有琥珀之光。但味道太过浓厚，不再有清远的意味。宜兴有蜀山酒，也很相似。至于无锡酒，用天下第二泉酿造，本来是好酒，却被生意人草率做成，致使味道淡薄质朴散失，真是可惜。据说也有好的，但我未曾喝过。

溧阳乌饭酒

余素不饮。丙戌年在溧水叶比部家，饮乌饭酒，至十六杯，傍人大骇[4]，来相劝止。而余犹颓然，未忍释手。其色黑，其味甘鲜，口不能言其妙。据云，溧水风俗，生一女必造酒一坛，以青精饭[5]为之。俟嫁此女才饮此酒。以故极早亦须十五六年。打瓮时只剩半坛，质能胶口，香闻室外。

---

① 相国：即宰相，清代指担任大学士的官员。

② 市井人：做生意的人。

③ 浇淳散朴：浇淡淳厚而失去质朴，质量变差的意思。

④ 骇（hài）：惊惧；吃惊。

⑤ 青精饭：即立夏吃的乌米饭。相传首为道家太极真人所制，服之延年。后佛教徒亦多于阴历四月八日造此饭以供佛。

【译】我平素不饮酒，但丙戌年（1766年）在溧水叶比部家饮乌饭酒，竟然喝到十六杯，旁边的人感到很吃惊，劝我不要再饮，而我还觉得没有尽兴，舍不得罢手。这种酒，颜色黑，味道甘鲜，简直不能说出它的妙处。据说，溧水有一个风俗，生一个女儿一定要酿一坛酒，用青精饭来酿。等到嫁这个女儿时才饮这坛酒。所以时间最短也得十五六年。打开时只剩下半坛，酒能黏住人的嘴，香味屋子外面都能闻到。

苏州陈三白酒[1]

乾隆三十年，余饮于苏州周慕庵家。酒味鲜美，上口粘唇，在杯满而不溢。饮至十四杯，而不知是何酒。问之，主人曰："陈十余年之三白酒也。"因余爱之，次日再送一坛来，则全然不是矣。甚矣！世间尤物之难多得也。按郑康成《周官》注"盎齐"云："盎者翁翁然，如今酂白[2]。"疑即此酒。

【译】乾隆三十年，我曾在苏州周慕庵家饮酒。酒味鲜美，上口粘唇，倒在杯中满而不溢，饮到十四杯，我还不知道是什么酒。问主人，主人说："放了十多年的三白酒。"因为我喜欢，第二天再送来一坛，却全然不是那个味道了。唉，世间的好东西都不容易多得啊！按郑康成《周官》注解"盎齐"时说："盎者翁翁然，如今酂白。"我怀疑说的就

① 三白酒：《事物绀珠》载："三白酒出吴中顾氏，盖取米白、水白、曲白也。味清洌。"

② 酂（zàn）白：白酒名称。《周礼·天官·酒正》"盎（àng）齐"，郑康成注："盎犹翁也，成而翁翁然葱白色，如今酂白矣。"

是这种酒。

金华酒

金华酒，有绍兴之清，无其涩；有女贞之甜，无其俗。亦以陈者为佳。盖金华一路，水清之故也。

【译】金华酒，有绍兴酒的清醇却没有它的干涩，有女贞酒的甜甘却没有它的俗气。也是以陈的酒为好。能有这样的品质，大概是因为金华一带水质清冽的缘故。

山西汾酒

既吃烧酒，以狠为佳。汾酒乃烧酒之至狠者。余谓烧酒者，人中之光棍，县中之酷吏也。打擂台非光棍不可；除盗贼非酷吏不可；驱风寒、消积滞，非烧酒不可。汾酒之下，山东膏粱烧次之，能藏至十年，则酒色变绿，上口转甜，亦犹光棍做久，便无火气，殊可交也。尝见童二树家，泡烧酒十斤，用枸杞四两、苍术二两、巴戟天一两，布扎一月，开瓮甚香。如吃猪头、羊尾、"跳神肉"之类，非烧酒不可。亦各有所宜也。

【译】既然喝烧酒，就要以酒劲大的为好酒。汾酒就是烧酒里酒劲最大的。我认为，烧酒，就是人中的光棍，县衙里的酷吏。打擂台非光棍不可；除盗贼非酷吏不可；驱风寒、消积滞，非烧酒不可。汾酒之下，要数山东膏粱烧，但如果能藏到十年，则酒色变绿，上口转甜，就好像光棍做得时间长了，便没有了火气，真正可以结交了。我曾见童二树家，泡烧酒十斤，用枸杞四两、苍术二两、巴戟天一两，用布扎一个月，打开瓮，很香。如果吃猪头、羊尾、“跳神肉”之类食品，非烧酒不可。这也是各有所宜呀。

此外，如苏州之女贞、福贞、元燥、宣州之豆酒、通州之枣儿红，俱不入流品[1]；至不堪者，扬州之木瓜也，上口便俗。

【译】此外，如苏州的女贞、福贞、元燥及宣州的豆酒、通州的枣儿红，都是不入流的酒；最不堪的，是扬州的木瓜酒，上口便能感到俗气。

① 流品：等级，品类。